Nakka Mary Roja
K. Divya
S.B. Padal

Plantas medicinais antidiabéticas

Nakka Mary Roja
K. Divya
S.B. Padal

Plantas medicinais antidiabéticas

ScienciaScripts

Conteúdo

Abreviaturas

mg	Milligram
ml	Milliliter
WHO	world health organization
Fl. & Frt.	Flowering and fruiting
%	Percentage
DM	Diabetes mellitus
NIDDM	Non-insulin dependent diabetes mellitus
IDDM	Insulin-dependent diabetes
cm	Centimeters
gm	Grams
Kg	Kilograms
STZ	Streptozotocin
B.w	Body weight

Capítulo 1: Introdução

A natureza proporcionou a todos os seres vivos uma riqueza vegetal abundante, que possui valores medicinais. Além disso, as plantas medicinais fornecem substâncias químicas bioactivas isentas de efeitos secundários indesejáveis e com poderosas acções farmacológicas. As plantas medicinais contribuíram de forma significativa para o desenvolvimento de medicamentos modernos à base de plantas.

As plantas medicinais são uma dádiva divina da natureza para a humanidade, que também guardou estes remédios verdes para lutar contra a doença e curar-se de males. O mundo é rico em plantas medicinais. Estas plantas são um património local com importância global. De acordo com a Organização Mundial de Saúde (OMS), cerca de 65-80% da população mundial nos países em desenvolvimento depende essencialmente de plantas e compostos derivados de plantas para as suas necessidades de cuidados de saúde primários **(S. B. Padal et al., 2014).**

As plantas medicinais têm sido utilizadas como elemento essencial dos sistemas de medicina tradicional para servir pessoas em todo o mundo há milhares de anos **(Samuelsson, 2004 & Wang, Y. 2009).** Atualmente, existe um interesse renovado na investigação de compostos medicamente úteis nas plantas, com algumas das principais instituições farmacêuticas e de investigação envolvidas nesta procura. Mais de 50% dos 25 medicamentos mais vendidos em todo o mundo estavam diretamente relacionados com produtos naturais. **(Cragg *et al.*, 1997 & Wang, Y. 2009).** Além disso, os medicamentos à base de plantas medicinais são amplamente utilizados e muitos países contribuem com 40 a 50% do seu orçamento total para a saúde na produção de novos medicamentos. Ainda assim, um terço das preparações farmacêuticas modernas tem origem botânica **(Savithramma et al, 2010).**

A diabetes mellitus é a doença endócrina mais comum, afectando mais de 300 milhões de pessoas em todo o mundo. É uma doença debilitante e que ameaça a vida desde que a humanidade existe. A diabetes mellitus é uma doença crónica cuja propagação global lhe conferiu caraterísticas de pandemia **(Ahlam mushtaq tramboo, 2013).** Caracteriza-se geneticamente por um aumento dos níveis de glucose no sangue (hiperglicemia).

As plantas medicinais tradicionais em todo o mundo são conhecidas por curar a diabetes desde os tempos antigos. Embora existam vários medicamentos disponíveis no mercado, a sua utilização prolongada pode causar efeitos secundários, pelo que as plantas medicinais começaram a ganhar importância no tratamento da diabetes mellitus.

A biodiversidade faz parte da nossa vida quotidiana e dos nossos meios de subsistência e constitui os recursos de que dependem as famílias, as comunidades, as nações e as gerações futuras. Desde o início do seu aparecimento na Terra, a sociedade humana tem estado indispensavelmente associada ao reino vegetal para a sua sobrevivência **(V. Balakrishnan et al., 2009).** A maior parte das plantas medicinais comuns encontra-se nas florestas. A utilização de ervas medicinais é ainda uma tradição, continuada pelas comunidades étnicas. As matérias-primas vegetais necessárias para a preparação de medicamentos são recolhidas nas florestas próximas. Possuem um vasto conhecimento sobre o tratamento. Em tempos imemoriais, este conhecimento é transmitido oralmente de geração em geração. No entanto, devido à desflorestação e às mudanças sociais, a cultura e a tradição populares estão seriamente ameaçadas, o que pode levar à perda das práticas tradicionais num futuro próximo. Algumas das gerações mais jovens estão também a migrar gradualmente para as cidades. Consequentemente, a sabedoria tradicional está a diminuir rapidamente de dia para dia, pelo que a avaliação dos conhecimentos tradicionais é um aspeto importante **(S. B. Padal et al., 2013).**

A documentação dos conhecimentos tradicionais é importante do ponto de vista da conservação dos recursos biológicos e da sua utilização sustentável no tratamento da diabetes e de várias doenças. Este conhecimento dos praticantes de medicina tradicional pode ter lançado as bases para os actuais sistemas medicinais.

Existem preparações de plantas medicinais que têm sido utilizadas ao longo dos séculos quase exclusivamente com base em provas empíricas. Por conseguinte, tornou-se necessário rever os sistemas tradicionais dependentes das plantas medicinais. A partir de relatórios de trabalhos de investigação actuais, é óbvio que os extractos de várias partes de plantas analisados quanto a propriedades como anti-inflamatório, anti-microbiano, anti-convalescente, analgésico, hipoglicémico e efeitos semelhantes em modelos animais que reflectem as condições de doença e os seus sintomas para essas plantas são frequentemente utilizados na medicina popular. É uma condição essencial para a medicina herbal que é melhor determinar a eficiência e outros efeitos utilizando cada preparação de planta da forma como é utilizada como remédio herbal **(Shankar murthy K et al., 2012).**

Neste livro, cerca de 178 plantas medicinais antidiabéticas são descritas em pormenor, incluindo o nome de família, o nome inglês, o nome local e o modo de formulação tradicional de remédios para curar a diabetes, documentados através da utilização de literatura anterior de várias revistas e teses de investigação, livros e outros devem ser estudados cientificamente e o seu efeito tóxico destas plantas também deve ser elucidado. Assim, estas espécies de plantas podem ser objeto de estudos farmacológicos e clínicos mais aprofundados e constituir um novo medicamento.

Capítulo 2: Revisão da literatura

Medicina tradicional:

A medicina tradicional e a informação etnobotânica desempenham um papel fundamental na investigação científica (**Awadh et al., 2004 & Kala et al., 2005 & Aswini Kumar et al., 2011**). Na Índia, os medicamentos tradicionais têm sido utilizados no tratamento da diabetes mellitus desde o tempo de Charaka e Sushruta. As plantas medicinais têm sido utilizadas como remédios naturais muito antes da história registada (século VI a.C.) (**Grover et al., 2001 & Aswini Kumar et al., 2011**).

A utilização de medicamentos à base de plantas na prevenção e cura de várias doenças na Índia foi encontrada na literatura védica, o Rigveda, que se crê ter sido escrito entre 3500-1800 a.C.. Na escritura posterior, Atharvanveda, foram encontrados mais relatos de plantas medicinais. Charaka e Sushrusta, dois dos primeiros autores indianos, tinham conhecimentos suficientes sobre as plantas medicinais utilizadas (**N. Chandra Babu et.al., 2013**).

O estudo envolve as práticas de medicina popular, especialmente nas zonas rurais, onde as pessoas ainda utilizam os conhecimentos tradicionais para os cuidados de saúde, que são influenciados por aspectos culturais e socioeconómicos, pela associação ancestral da comunidade com práticas medicinais ou pela rica diversidade da flora, proporcionando uma alternativa mais barata e acessível aos remédios farmacêuticos de alto custo (**Aswini Kumar et al.,2011**) . De acordo com a Organização Mundial de Saúde (OMS), cerca de 65-80% da população mundial dos países em desenvolvimento depende de plantas e de compostos derivados de plantas para as suas necessidades de cuidados de saúde primários. A medicina herbácea tem sido uma fonte estimada de medicamentos, pelo que as plantas medicinais são cada vez mais importantes nos dias de hoje devido à sua baixa toxicidade e à ausência de efeitos secundários. De acordo com o Conselho Nacional de Plantas Medicinais, Governo da Índia, estima-se que existam 17 000 a 18 000 espécies de plantas com flor, das quais 6 000 a 7 000 espécies são utilizadas para fins medicinais em sistemas de medicina popular e documentados, como a Ayurveda, a Siddha, a Unani e a homeopatia (**Ananta Swargiary et al., 2013**)

Nos últimos anos, os estudos etnobotânicos tradicionais têm recebido muita atenção devido à sua grande aceitabilidade e ao facto de serem biodegradáveis (**Tripathi et al., 2000**). Nas últimas três décadas, foi publicado um grande número de revisões sobre plantas medicinais analisadas quanto à sua atividade hipoglicémica na Índia (**Mukherjee et al., 1966, Mehta 1982. Chaudhury et al.,1970, Satyavati et al.,1976 & Satyavati,1984, Patnaik et al.,1986, Atta ur-Rahman et al.,1989 & Singh et al.,1975 e Singhal et al.,1984 , Aswini Kumar et al.,2011**).

5

Os remédios tradicionais à base de plantas são considerados as formas mais antigas de cuidados de saúde conhecidas pela humanidade na Terra. Antes do desenvolvimento da medicina moderna, os sistemas tradicionais de fitoterapia, que evoluíram ao longo dos séculos em várias comunidades, ainda são mantidos como um grande conhecimento tradicional (**Mukherjee et al., 2006 & Basha et al., 2011**). Este conhecimento tradicional tem sido transmitido oralmente de geração em geração sem quaisquer documentos escritos (**Basha et al., 2011**).

Os produtos naturais são as principais fontes de desenvolvimento de medicamentos, sendo que cerca de um terço dos medicamentos são derivados de ingredientes de plantas medicinais (**Strohl et al., 2000**). Embora o conhecimento sobre estes ingredientes vegetais esteja a aumentar, a informação sobre o seu modo de ação e farmacologia clínica é ainda escassa, o que limita os esforços de normalização, avaliação e utilização adicional de remédios de plantas medicinais (**Ma et al., 2009**). O conhecimento tradicional sobre plantas medicinais é a principal base para a conservação bicultural e do ecossistema, bem como para a farmacologia, a fitoquímica e a toxicologia (**Mohd Habibullah Khan et al., 2010 & Aswini Kumar et al., 2011**). De acordo com a Organização Mundial de Saúde (OMS), foram listadas 21 000 plantas que são utilizadas para fins medicinais em todo o mundo. Entre estas, 2500 espécies encontram-se na Índia. A Índia é o maior produtor de ervas medicinais, dotada de uma grande diversidade de condições agro-climáticas. A Índia é designada como o jardim botânico do mundo (**Seth et al., 2004**).

2.2 Prevalência da Diabetes mellitus no mundo e na Índia

A diabetes mellitus é uma doença muito prevalecente em todo o mundo e na Índia. A diabetes é uma doença metabólica crónica que representa um grande desafio a nível mundial. Atualmente, na Índia, o número de pessoas com diabetes é de cerca de **40,9 milhões** e prevê-se que, em **2025**, mais de **69,9** milhões de pessoas sofram desta doença. A Índia tem o maior número de doentes diabéticos - emergiu como a capital mundial da diabetes". Devem ser tomadas medidas preventivas urgentes, a menos que a doença se torne um problema de saúde grave. A **Federação Indiana de Diabetes (IDF)** estimou **3,9 milhões de mortes** para o **ano de 2010 (Ayesha noor et al., 2013**).

2.3 As plantas medicinais tradicionais desempenham um papel vital no tratamento da diabetes mellitus:

Atualmente, existe um interesse crescente nas plantas medicinais devido aos efeitos secundários associados aos agentes hipoglicémicos orais para curar a diabetes. (**Bhalodi et al., 2008**). Apesar de terem sido desenvolvidos vários fármacos sintéticos para o tratamento da diabetes, o número de fármacos disponíveis para o tratamento da diabetes é ainda muito reduzido (**Patal D.K et** al., 2012). Assim, as plantas medicinais começaram a ganhar importância para o tratamento da diabetes. Estima-se que 800 plantas podem ter atividade antidiabética sendo utilizadas tradicionalmente para a diabetes **(Raju Patil et al., 2011 e Sindhu.S.Nair et al., 2013)**.

Um grande número de plantas e partes de plantas tem sido investigado pelo seu papel benéfico e propriedades antidiabéticas **(Rodriguez-Moran et al., 1998 & Neha Pandey et al., 2011)**. As plantas medicinais desempenham um papel apreciável no desenvolvimento de medicamentos modernos à base de plantas para muitas doenças como o cancro, a diabetes, etc. A utilização de plantas medicinais para o tratamento da diabetes mellitus remonta ao papiro de Ebres, cerca de 1550 a.C. **(Kesari et al., 2005 & Ahlam mushtaq tramboo, 2013)**. Antes da introdução da insulina e de outras preparações farmacêuticas, a medicina tradicional, principalmente derivada de plantas, era utilizada para tratar a diabetes **(Ahlam mushtaq tramboo, 2013)**. Atualmente, existe um interesse crescente em remédios à base de plantas devido aos efeitos secundários associados aos agentes hipoglicémicos orais para o tratamento da diabetes mellitus. São bem conhecidos os medicamentos antidiabéticos sintéticos comerciais, como as sulfonilureias, as biguanidas, os inibidores da glucosidase e as tiazolindionas, que não só são caros, como também produzem efeitos secundários graves e estão fora do alcance das populações tribais **(Venkatesh et al., 2003 & Basha et al., 2011)**. Por conseguinte, tem havido um interesse crescente na abordagem etnobotânica para examinar as propriedades antidiabéticas das plantas tradicionalmente utilizadas pelos grupos étnicos em diferentes partes do mundo. Um grande número de plantas medicinais tem sido investigado quanto ao seu papel benéfico e às suas propriedades antidiabéticas **(Yeo et al., 2011)**. Uma vasta gama de compostos derivados de plantas com atividade antidiabética provou a sua possível utilização no tratamento da diabetes mellitus **(Basha et al., 2011)**.

2.4 Diabetes mellitus

2.4.1 Classificação da diabetes

A diabetes mellitus é o distúrbio metabólico mais comum causado pela secreção de insulina absolutamente insuficiente ou ineficiente e é caracterizada pelo aumento dos níveis de glicose no sangue (hiperglicemia) **(Deopa et al., 2013)**. A Organização Mundial de Saúde (OMS) define a diabetes mellitus (DM) como uma doença degenerativa e crónica que ocorre quando o pâncreas não produz insulina suficiente ou quando o corpo não consegue utilizar a insulina de forma eficaz. **(Abubakar Mohammed et al., 2015)**. A insulina envolve a absorção celular e a utilização da glucose para a libertação de energia. Na ausência de insulina, a glucose acumula-se na corrente sanguínea em concentrações mais elevadas, normalmente quando a concentração de glucose no sangue excede cerca de 180 mg/dl, sendo depois excretada na urina (U. Satynarayana, 2010).

Um grupo de doenças que estão associadas a níveis elevados de açúcar no sangue, que frequentemente conduzem a complicações como retinopatia (cegueira total), neuropatia (doença dos nervos) e (problema circulatório), miopatia (doença coronária), nefropatia (insuficiência renal ou lesão renal), que pode resultar em problemas nervosos de locomoção e morte prematura. Está também associada a complicações de saúde, incluindo insuficiência renal com risco de úlceras nos pés, incluindo disfunção sexual, doença cardíaca e acidente vascular cerebral.

Tanto a insulina como o glucagon, hormonas endócrinas pancreáticas, são responsáveis pelo controlo do nível de glicose no sangue dentro do corpo num nível adequado com base nas necessidades do corpo. Normalmente, a insulina é segregada pelas células β do pâncreas, que se encontram nas ilhotas de Langerhans, em resposta a níveis elevados de açúcar no sangue (**Singab et al., 2014**). Trata-se de uma pequena proteína com um peso molecular de 5808 e contém 51 aminoácidos dispostos em duas cadeias A e B ligadas por pontes dissulfureto (**Kharjul Mangesh et al., 2014**). Potencia a capacidade dos músculos, dos glóbulos vermelhos e das células adiposas de absorverem o açúcar do sangue e de o consumirem noutros processos metabólicos, que repõem os níveis de açúcar no nível normal (**Singab et al., 2014**).

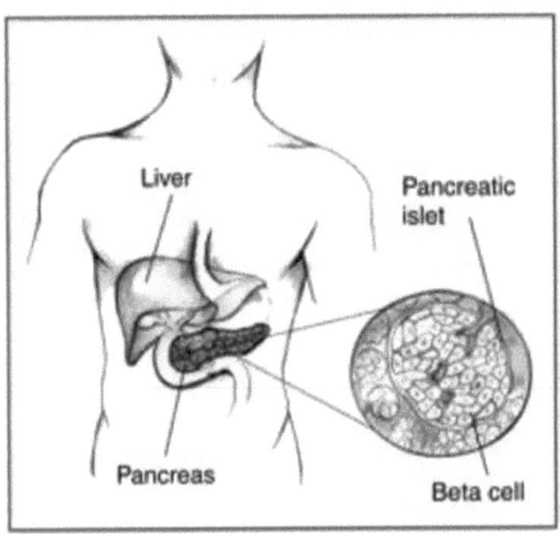

Os ilhéus do pâncreas contêm células beta, que produzem insulina e a libertam no sangue. Fonte: National Diabetes Information Clearinghouse (NDIC), National Institute of Diabetes and Digestive and Kidney Diseases (NIDDK), National Institutes of Health (NIH).

Nos doentes com diabetes, a ausência ou a produção insuficiente de insulina provoca hiperglicemia. **(Pallab Das Gupta et al., 2012).**

Nível de açúcar no sangue em doentes normais e diabéticos (Pallab Das Gupta et al., 2012).

Categoria de uma pessoa	Valor do jejum		Pós-prandial
	Valor mínimo	Valor máximo	Valor 2 horas após o consumo de glucose
Normal	70	100	Menos de 140
Diabetes precoce	101	126	140-120
Diabetes tardia	<126	-	<200

a. Diabetes mellitus de tipo 1 ou diabetes dependente de insulina (IDDM), ou diabetes de início precoce, diabetes juvenil, diabetes com tendência para a cetonemia:

Pode ocorrer em qualquer idade, mas é mais frequente em adultos jovens. É uma doença imunomediada que resulta da destruição imunológica das células β do pâncreas, o que leva a uma produção insuficiente de insulina. Aproximadamente 10% de todos os casos de diabetes são do tipo **(Deopa et al., 2013 &Vinatha naini et al., 2013)**. Os principais sinais e sintomas incluem hiperglicemia, aumento da sede (polidipsia) e da fome, micção frequente (poliúria), perda de peso, cetoacidose.

b. Diabetes mellitus de tipo 2 ou diabetes não insulino-dependente ou de início na idade adulta (NIDDM):

É o tipo mais comum que afecta os idosos e os obesos e é causado pela resistência à insulina ou por uma secreção deficiente de insulina que conduz à hiperglicemia. É responsável por mais de 80% do total de casos de diabetes **(Kattamanchi Gnananath et al., 2013)** e afecta 18% da população com mais de 65 anos de idade, ocorrendo geralmente em indivíduos obesos. Estes indivíduos têm níveis de insulina normais ou mesmo muito elevados **(Neelesh Malviya et al., 2010)**. Se não for tratada, a hiperglicemia pode causar complicações microvasculares e macrovasculares a longo prazo, como a nefropatia, a neuropatia, a retinopatia e a aterosclerose (Jain & saraf 2008).

c. Diabetes mellitus gestacional:

Este tipo reconhece-se pela primeira vez durante a gravidez, quando se desenvolve um estado hiperglicémico em mulheres que não têm diabetes, devido a um fornecimento insuficiente de insulina para satisfazer a procura de tecido para a regulação normal da glicose no sangue **(Deopa et al., 2013)**. Este problema desaparece normalmente após o nascimento da criança.

2.4.2 Factores que influenciam a prevalência da Diabetes mellitus:

Foram identificados muitos factores que influenciam a prevalência da diabetes mellitus tipo 2 **(Van Tilburg et al., 2008 & Nana kwaku kyei Boaduo., 2010)**. Os factores de risco que estão associados à diabetes mellitus tipo 2 incluem o consumo de alimentos ricos em gordura e energia, uma dieta pobre em fibras, a diminuição da atividade física e a obesidade, e os factores genéticos também estão associados ao desenvolvimento da diabetes mellitus (**Ahlam mushtaq tramboo., 2013**). Os factores mais importantes são os seguintes:

1. Idade:

A idade é o fator mais importante que influencia a prevalência da diabetes mellitus. Estudos epidemiológicos mostram que a prevalência aumenta com idades superiores a 40 anos. No entanto, também se registou um declínio da incidência com a idade avançada em alguns países como a Europa e a América (**Jain & Saraf et al., 2008 & Nana kwaku kyei Boaduo, 2010, Ahlam mushtaq tramboo, 2013**).

2. Género:

Pensava-se que era mais comum nas mulheres do que nos homens. As tendências recentes têm mostrado uma prevalência igual tanto no sexo feminino como no masculino. Contudo, na última década, pode registar-se um aumento da prevalência da doença nos homens. (**Jain & Saraf et al., 2008 & Nana kwaku kyei Boaduo 2010., Ahlam mushtaq tramboo., 2013**).

3. País e local de residência:

Os países com populações idosas têm registado mais casos de diabetes mellitus do que os países em desenvolvimento com populações mais jovens. Em algumas comunidades tradicionais dos países em desenvolvimento, a diabetes é rara. A diabetes mellitus é considerada uma doença da urbanização e vários estudos demonstraram que a prevalência é significativamente mais elevada nas populações urbanas do que nas comunidades rurais do mesmo país. (**Jain & Saraf et al., 2008 & Nana kwaku kyei Boaduo 2010., Ahlam mushtaq tramboo., 2013**).

4. Etnia:

Muitos estudos concluíram que o impacto da etnia na prevalência da diabetes mellitus. Por exemplo, estudos demonstraram que os mexicanos americanos têm uma prevalência de diabetes 1,9 vezes superior à dos nativos americanos. Um estudo local mostrou que a diabetes era 4 vezes mais elevada nos homens indianos do que nos homens brancos e duas vezes mais elevada nas mulheres indianas do que nas mulheres brancas (**Jain & Saraf et al., 2008**). Um estudo efectuado na Cidade do Cabo mostrou que a taxa de prevalência da comunidade negra era de 3% em 1969; desde então, a OMS indicou um aumento de até 8% em 1985. Atualmente, na África do Sul, a taxa de prevalência aumentou para quase 30% da população devido à urbanização (**Bourne et al., 2002 & Nana kwaku kyei Boaduo., 2010, Ahlam mushtaq tramboo., 2013**).

4. Estatuto socioeconómico e estilo de vida:

A privação socioeconómica associada a uma dieta pobre e a outros factores adversos do estilo de vida estão ligados a taxas elevadas de diabetes mellitus. **(Jain e Saraf et al., 2008 & Nana kwaku kyei Boaduo., 2010).**

5. Obesidade:
É evidente que a obesidade é um fator de risco associado à diabetes tipo II.
(Jain & Saraf et al., 2008 & Nana kwaku kyei Boaduo., 2010, Ahlam mushtaq tramboo., 2013).

2.4.3 Reconhecimento clínico e diagnóstico da diabetes mellitus:
É muito difícil reconhecer fisicamente a diabetes mellitus, uma vez que não se observam sintomas externos nas fases iniciais. Os sintomas são praticamente os mesmos nos dois principais tipos de diabetes, mas diferem na sua intensidade. Os sintomas iniciais dos doentes diabéticos não tratados são atribuídos a níveis elevados de glucose no sangue. Consequentemente, ocorre uma perda de glicose na urina, levando à desidratação acompanhada de sede e aumento do consumo de água, além de sofrerem de fadiga, náuseas e vómitos. São susceptíveis de desenvolver infecções da bexiga, da pele e da vagina. As flutuações dos níveis de açúcar no sangue podem causar visão turva. Para além disso, níveis de açúcar muito elevados podem resultar em coma e mesmo na morte. **(Singab AN, et al., 2014).**

A associação de diabéticos da África do Sul (2001) enumera os seguintes sinais de que uma pessoa pode ser diabética **(Nana kwaku kyei Boaduo 2010)**: São
    J Apetite e sede excessivos
    J Perda de peso (em caso de diabetes de tipo 1)
    J Aumento e necessidade de urina
    S Comichão na pele
    S Sensação de fraqueza
    S Cicatrização lenta de cortes e feridas
    S Infecções frequentes
    S Tonturas e perda ocasional de equilíbrio
    S Cansaço

2.4.4 Complicações da diabetes mellitus:
As principais complicações da diabetes mellitus
1. Doenças cardiovasculares
2. **Retinopatia**: A retinopatia diabética, que afecta a formação de vasos sanguíneos na retina do olho, pode levar a problemas de visão, como redução da visão e potencial cegueira **(Lakshmi et al.,**

2012).

3. **Nefropatia**: A complicação da diabetes nos rins pode levar a alterações drásticas no tecido renal, à perda de quantidades progressivamente maiores de proteínas na urina e, gradualmente, a uma doença renal crónica que requer diálise **(Lakshmi et al., 2012)**.

4. **Neuropatia**: A complicação da diabetes que afecta o sistema nervoso, causando mais frequentemente dormência e dor nos pés e aumentando também o risco de danos na pele devido à alteração da sensibilidade **(Lakshmi et al., 2012)**.

2.4.5 Tratamento

O tratamento comummente praticado da diabetes mellitus inclui medicamentos antidiabéticos orais, injeção de insulina e gestão através de dieta e exercício físico. Para além do tratamento terapêutico da diabetes atualmente disponível, a medicina tradicional à base de plantas medicinais também é utilizada em todo o mundo para curar a diabetes mellitus. **(B.B. Kaliwal et al., 2012)**.

Insulinoterapia utilizada para o tratamento da hiperglicemia aguda. Esta insulinoterapia tem múltiplas acções metabólicas e celulares: em primeiro lugar, reduz o nível de glicose no plasma e, em segundo lugar, ajuda a manter o metabolismo celular normal, aumentando a captação de glicose e a produção de trifosfato de adenosina (ATP) pela glicólise. Uma injeção de insulina é eficaz na Diabetes Mellitus tipo 2 para controlar o açúcar no sangue prescrito quando o objetivo de glicose não pode ser atingido com o regime padrão **(Deopa et al., 2013)**.

Desvantagens: dor local, inconveniência de múltiplas injecções, edema de insulina, lipo-hipertrofia, alergia à insulina, resistência e, acima de tudo, aumento de peso **(Kharjul Mangesh et al., 2014)**

Medicamentos hipoglicémicos orais:

Os medicamentos antidiabéticos actuam através de dois mecanismos principais

- Ao estimular as células β dos ilhéus pancreáticos a libertar insulina e **(Deopa et al., 2013)**.
- Aumentar a sensibilidade ou o número de receptores de insulina. **(Deopa et al., 2013)**.
- Eliminar os radicais livres, resistir à oxidação dos lípidos **(Donga *et al., 2011*)**
- Melhorar a utilização da glucose nos tecidos e órgãos **(Donga *et al., 2011*)**
- Para melhorar a microcirculação no corpo. **(Donga *et al., 2011*)**

Os agentes hipoglicemiantes orais, especialmente os que estimulam a secreção de insulina, como os agentes sulfonilureias (por exemplo, glipizida, gliburida, glimepirida), são agentes hipoglicemiantes orais habitualmente prescritos para o tratamento da diabetes tipo 2. Estes agentes actuam ligando-se aos canais de potássio dependentes de ATP no pâncreas, levando ao encerramento destes canais e estimulando a libertação de insulina **(Deopa et al., 2013)**.

Outro medicamento conhecido são as biguanidas, cujo melhor exemplo é a metformina. É habitualmente utilizada no tratamento da diabetes mellitus de tipo II. O principal modo de ação da metformina parece ser o de aumentar a sensibilidade hepática à insulina, resultando numa diminuição da produção hepática de glicose através da supressão da gluconeogénese e da glicogenólise. (Tanto a sulfonilureia como a metformina são utilizadas, mas têm vários efeitos secundários, como o aumento de peso e a hipoglicemia (**Deopa et al., 2013).**

2.4.6 Tabela: Plantas medicinais antidiabéticas de acordo com a sua ação terapêutica

Ação terapêutica	Nome botânico da planta medicinal
Aumento da síntese e libertação de insulina das células de langerhans (**Donga *et al., 2011)* Patel DK et al. 2012, Deopa et al., 2013, Saravanan K et al., 20313 & Rudrapal 2012 Singab et al., 2014)**	*Acácia arábica,* *Aegle marmelos,* *Aloe barbidensis,* *Allium sativum,* *Annona squamosa,* *Espargos racemosos,* *Biophytum sensitivum,* *Boerhaavia diffusa,* *Brassica nigra,* *Bougainvillea spectabilis,* *Catharanthus roseus,* *Caesalpinia bonducella,* *Camellia sinensis,* *Coccinia indica,* *Citrullus colocynthis,* *Enicostemma littorale,* *Gymnema sylvestre,* *Hordeum vulgare,* *Ficus religiosa,* *Hibiscus rosa sinesis,* *Helicteres isora* *Vernonia amygdalina*
	Allium cepa *Azadirachtaindica* *Eugenia jambolana* *Panax ginseng*

	Pterocarpusmarsupium
	Psidium guajava
	Ricinus communis
	Momordica charantia
	Solanum xanthocarpum
	Swertia chirayata
	Syzygium cumini
	Terminalia bellerica
	Tinospora crispa
	Trigonella foenum-graecum
	Vinca rosea
	Zingiber officinale
Atividade semelhante à da insulina (**Patel DK et al.** **2012 & Deopa et al., 2013**)	*Agrimony eupatoria, Momordicacharantia, Panax ginseng*
Atividade inibitória sobre a aldolase redutase (**Donga *et al., 2011***)	*Salacia oblonga*
Propriedade antioxidante/ de eliminação de radicais livres (**Saravana Kumar A. *et al.*, 2011** **&*Singab* et al., 2014**)	*Murraya koenigii* *Picrorrhiza kurroa* *Momordicacharantia*
Aumento da utilização de glucose pelos tecidos (**Donga *et al., 2011***)	*Azadirachta indica,* *Panax ginseng,* *Allium sativum,* *Allium cepa* *Zingiber officinale*
	Cyamospsistetragonolobus *Iaasiatica verde*
Inibição da formação de radicais livres nos tecidos (**Donga *et al., 2011***)	*Eugenia jambolana*
Inibição da absorção de glucose (**Deopa et al., 2013**)	*Azadirachta indica* *Morus alba*

Inibição da glucose-6-fosfatase e da frutose-1,6-bishosfatase (**Donga et al., 2011& Kasikar et al.,2011, Rawat Mukeshet al., 2013**)	*Allium sativum* *Casearia esculenta* *Coccinia indica* *Wight* *Tinospora cordifolia* *Trigonella foenum graecum*
Aumenta a glicogénese e diminui a glicogenólise e a gluconeogénese(**Singab et al., 2014**)	*Murraya koenigii*
Inibir ou diminuir a peroxidação lipídica (**Deopa et al., 2013 & Singab et al., 2014**)	*Morus alba,* *Phyllantus amarus,* *Terminalia chebula,* *Emblica officinalis* e *Terminalia belerica*

Capítulo 3: Descrição e utilização tradicional de plantas medicinais antidiabéticas

1. *Abrus precatorius* Linn.

Família: Fabaceae

Nome local: Guruginja ou Guruvindha

Nome inglês: Crab's eye

Espécie anual de lenhosa. Folhas pinadas, folíolos 7-12 pares, oblongos. Folíolos caducos; flores brancas ou cor-de-rosa em racemos axilares, pedunculados; fruto vagem; sementes de cor vermelha com mancha preta no hilo.

Fl. & Frt.:   Out. - Fev.

Utilizações: O sumo das folhas de 2 colheres de chá é administrado por via oral duas vezes por dia até à cura.

2. *Abutilon indicum* (L.) Sweet

Família: Malvaceae

Nome inglês: Indian mallow

Nome local: Tuttutubenda

Arbusto rasteiro lenhoso perene, densamente tomentoso, até 1 m de altura. Folhas largamente ovado-orbiculares, profundamente cordadas, pubescentes, ovadas e acuminadas; flores solitárias de cor amarela alaranjada; fruto subgloboso; sementes glabras ou esparsamente peludas.

Fl. & Frt.:   Mar.-Set.

Utilizações: Extrato de folhas utilizado para curar a diabetes.

3. *Acacia nilotica* (L.) Willd. ex Del.

Família: Mimosaceae
Nome local: Nalla tumma

Nome inglês: Indian gum Arabic

Árvore de porte médio, armada de espinhos; folhas compostas bipinadas com espinhos estipulares, folíolos 10-25 pares, linear-oblongos, subsésseis; flores amarelas em cabeças globosas em fascículos de 2-6; vagem moniliforme, esbranquiçada ou cinzenta tomentosa; sementes 8-12.

Fl   . & Frt. :   Mar. - julho.

Utilizações: A resina da goma e as sementes são utilizadas para tratar a diabetes.

4. *Acalypha alnifolia* Klein ex Willd

Família: Euphorbiaceae

Nome inglês: Rabo de gato vermelho e quente

Nome local: Chiru kumpeta

Arbusto rasteiro, com 70 cm de altura, monoico; ramos teretos, estriados, toentoso. Folhas de folhas ovais, arredondadas ou cordadas na base, crenadas-serrilhadas, agudas. Flores masculinas numerosas, minúsculas.

Fl. & Fr: Apl-sep

Utilizações: Sumo de folhas misturado com leite de vaca fervido 150 ml e administrado duas vezes por dia até cinco meses para tratar a diabetes.

5. *Aconitum chasmanthum:* A. ferox, A. napellus

Família: Ranunculaceae

Nome local: Vathsa nabi

Nome inglês: Monks hood

As plantas herbáceas perenes são palmadas ou profundamente lobadas com 5-7 segmentos. Cada segmento é novamente trilobado com dentes afiados e grosseiros; folhas em espiral ou em disposição alternada, as folhas inferiores têm pecíolos longos, o caule ereto é coroado por racemos de grandes flores azuis, roxas, brancas, amarelas; flores com numerosos estames.

Utilizações: As raízes são tomadas contra a diabetes.

6. *Adhatoda vasica*

Família: Acanthacrae

Nome local: Addasaram

Nome inglês: Adhatoda, Malabar Nut

Arbusto perene difuso e ramificado; folhas de 10 a 15 centímetros de comprimento, dispostas de forma oposta, com bordas lisas e suportadas em pecíolos curtos; tronco com muitos ramos longos, opostos e ascendentes; casca de cor amarelada; flores brancas, a inflorescência apresenta espigas axilares grandes e densas; os frutos são pubescentes e cápsulas em forma de clube.

Utilizações: O sumo das folhas é utilizado para tratar a diabetes.

7. *Aegle marmelos* (Linn.) Corr. Serr.

Família: Rutaceae

Nome inglês: Golden apple

Nome local: Maredu

Árvore de porte moderado, esguia, aromática, armada, de 6 a 10 m de altura. Casca cinzenta, esfoliante com escamas irregulares longitudinais. Folhas 3-5 folioladas, folíolos ovado-elípticos. Flores branco-esverdeadas em panículas axilares, de perfume doce. Fruto ovoide-globoso, branco-esverdeado, casca lenhosa, numerosas sementes embebidas numa polpa aromática.

Fl & Frt.: abril - junho.

Utilizações: 10 ml de folhas tenras misturadas com 2-3 gotas de mel dadas 2 vezes por dia com o estômago vazio para diminuir os níveis de açúcar no sangue em 3-4 semanas. Ou

O pó das folhas é tomado diariamente com leite de vaca. Ou

A decocção das folhas é administrada diariamente duas vezes. Ou

Tomar 10 ml de sumo de folhas com cinco sementes *de piper nigrum*, duas vezes por dia, durante dois meses. Ou

Toma-se uma colher de pó de folhas de manhã.

8. *Aerva lanata* (L.) Juss

Família: Amaranthaceae

Nome local: Konda Pindikura

Erva erecta ou prostrada; folhas densamente prensadas com pêlos cotonosos, folhas superiores pequenas, folhas inferiores elípticas obovadas - suborbiculares; flores esbranquiçadas pequenas em espigas axilares; sementes pretas, brilhantes.

Fl & Frt: Durante todo o ano.

Utilizações: A decocção da raiz é administrada por via oral com o estômago vazio uma vez por dia durante o período de um mês para tratar a diabetes.

9. *Alangium salvifolium* (Linn.f.)Wang

Família: Alangiaceae

Nome inglês: Sage leaved alangium

Nome local: Uduga

Pequena árvore caducifólia, 34 m, espinhosa quando jovem; folhas simples, alternas, oblongas - elípticas; flores de cor branco-creme; fruto baga, com cálice persistente, roxo-negro quando maduro.

Fl & Frt.:   Mar - junho

Utilizações: Os botões florais e os frutos de *Phyllanthus emblica* misturados com curcuma em quantidades iguais são transformados em pó. Toma-se uma colher de pó misturado com mel uma vez por dia.

10. *Albizia odoratissima* (L.f.) Benth.

Nome inglês: Black siris

Nome local: Chindi elugu Chettu

Árvore de grande porte; folíolos de 10-20 pares, oblongos obliquamente, com uma glândula logo acima do pecíolo; flores esbranquiçadas, perfumadas, em panícula; fruto em vagem; sementes 8-12.

Fl. & Frt.:   Mar- Ago.

Utilizações: O pó da casca é utilizado para a diabetes.

11. *Albizia procera* (Roxb) Benth.

Família: Mimosaceae

Nome inglês: White siris

Nome local: Thella chinduga

Flores globosas esbranquiçadas com 20 a 24 mm de diâmetro; frutos em vagens achatadas com 10 a 20 cm de comprimento e 1,8 a 2,5 cm de largura, mudando de verde para vermelho escuro ou castanho avermelhado na maturidade; cada vagem contém 6 a 12 sementes; os frutos amadurecem

6 a 9 meses após a floração; sementes pequenas, com cerca de 5 por 6 mm, planas, elípticas a quase orbiculares, com uma testa dura, lisa, castanho-esverdeada e coriácea.

Fl. & Frt.:   Ago-Out

Utilizações: Sumo das folhas tomado por via oral contra a diabetes.

12. *Allium cepa* L.

Família: Liliaceae

Nome inglês: Onion

Nome local: Vulli

Erva bienal ou perene com bolbo subterrâneo carnudo e aromático; folhas lineares, ocas, cilíndricas e carnudas; flores numerosas, brancas em umbelas globulares; fruto cápsula de pele fina; sementes pretas e angulosas.

Fl & Frt: Dez - Jan.

Utilizações: Tomar diariamente 5o ml de extrato de sumo ou pasta de rizoma com mel.

13. *Allium sativum* L

Família: Liliaceae

Nome inglês: Garlic cloves

Nome local: Allamu

Erva perene com bolbos compostos subterrâneos, rodeados na base por uma bainha tubular; folhas simples, longas, planas, lineares; flores pequenas, rosa pálido, em umbelas densas e arredondadas com pequenos bolbos; brácteas escariosas; sépalas lanceoladas, longas, acuminadas; estames mais curtos do que as tépalas; ovário ovoide, emarginado.

Fl. e Fr: Out-Jan

Utilizações: O alho desempenha um papel na redução dos níveis de açúcar no sangue.

50 ml de extrato de sumo tomado diariamente contra a diabetes. Ou rizomas secos, em pó misturados em caris, sopas em pequenas proporções, tomados juntamente com leite com o estômago vazio contra a diabetes.

14. *Aloe barbadensis* Mill

Família: Liliaceae

Nome inglês: Alovera

Nome local: Kalabandha

Erva estolonífera; folhas ensiformes suculentas, espinhosas-dentadas; flores escarlates ou amareladas em racemos terminais; cápsula loculicida.

Utilizações: Cerca de 10 gm de gel de folhas são tomados diariamente de manhã contra a diabetes.

15. *Alstonia scolaris* R.Br.

Nome local: Edakula Pala

Nome inglês: Satiana

Árvore perene de grande porte, com folhas 4-7 em verticilo, coriáceas, elíptico-oblongas ou obovadas ou oblanceoladas; flor em cimas umbeladas, tubo da corola curto, folículos com 1 a 2 metros de comprimento; sementes papilosas.

Fl. & Frt.:   julho - março.

Utilizações: Pasta de folhas e extrato de casca tomados com o estômago vazio contra a diabetes.

16. *Anacardium occidentale* L.

Família: Anacardiaceae

Nome inglês: Cashew nut

Nome local: Jeedi mamidi

Árvores até 8 m de altura; folhas simples, obovadas, glabras e arredondadas na base; flores amarelas com estrias cor-de-rosa em panículas terminais; fruto reniforme, corpo carnudo formado pelo disco alargado, testa membranosa.

Fl. & Frt.:   Fev.-Abr.

Utilizações: Extrato de folhas utilizado no tratamento da diabetes.

17. *Andrographis peniculata* (Burm.f) wall

Família: Acanthaceae

Nome inglês: King of bitters

Nome local: Neelavemu

Erva erecta; folhas opostas, decussadas, lineares - lanceoladas; flores cor-de-rosa ou púrpura, panículas axilares; fruto em cápsula.

Fl. & Frt.:   Set-Dez.

Utilizações: O extrato da planta inteira é utilizado para a diabetes. Ou

Esmagamento da folha ou pó da folha com mistura de mel para tratar a diabetes. Ou

As folhas em pó com folhas de *Syzigium jambolanum*, *Zizyphus rugosa*, *Aegle marmelos*, *Gymnema sylvestre* e tubérculos de *Corallocarps epigaens* em pó juntamente com água quente são utilizadas para a diabetes.

18. *Annona reticulate* L.

Família: Annonaceae

Nome inglês: Netted custard apple

Nome local: Ramaphalam

Pequena árvore; folhas grandes, oblongas - lanceoladas; flores verde-claras, 2-3 em cimeira axilar; fruto globoso, amarelo-claro quando maduro.

Fl.: maio-JunhoFrt   : junho-Set.

Utilizações: O sumo das folhas e dos frutos é utilizado no tratamento da diabetes.

19. *Annona squamosa* (L)

Família: Annonaceae

Nome inglês: Custard apple

Nome local: Seetaphalam

Pequena árvore ou arbusto, com 3-4 m de altura; folhas ovado-elípticas; flores amarelo-pálido, solitárias; fruto verde carnudo, ovoide.

Fl: Abr - JunhoFrt   : junho - Ago.

Utilizações: As folhas ou a casca crua foram trituradas e os extractos foram obtidos por esmagamento e, em seguida, os extractos são filtrados e utilizados 2-3 colheres de chá de extrato todas as manhãs.

Ou

Tomar 25 g de folhas juntamente com leite, por via oral, todos os dias de manhã

Ou

As folhas jovens são tomadas de manhã cedo para a cura da diabetes.

20. *Argeria cuneata* Ker-Gawl

Família: Convolvulaceae

Nome inglês: Purple morning glory

Nome local: Nettarulu

Arbusto trepador perene que cresce de 150 a 200 cm. Caules cobertos de pêlos brancos e macios; folhas com 6 cm de comprimento por 2,5 de largura em forma de cunha; flores roxas com 5 cm de comprimento; sementes castanhas, com 1 cm de comprimento, de forma elíptica.

Utilizações: Pó de folhas tomado por via oral para a diabetes.

21. *Argyreia speciosa* Linn.

Família: Convulaceae

Nome inglês: Hawaiian Baby Wood rose

Nome local: Chandrapoda

A folha adulta é dorsiventral, unicostada, com uma nervura central forte e várias nervuras laterais ténues, alternas, pecioladas, agudas no ápice e cordadas na base; as sementes são mais ou menos triangulares, com 0,5 a 0,75 cm de comprimento e 5 mm de largura, com duas faces planas ou ligeiramente côncavas, sendo a terceira face convexa.

Fl. e Frt: agosto-dezembro

Utilizações: A pasta do caule e das folhas é utilizada contra a diabetes.

22. *Aristolochia bracteolate* Lam.

Família: Aristolochiaceae

23

Nome inglês: Bracteated birth wort

Nome local: Gadidha gadapa

Erva prostrada; folhas com 3-6 cm. de diâmetro. Obtusamente cordadas na base com um seio largo, flores com uma boca cilíndrica e em forma de trombeta, lábio púrpura; cápsulas com 1,4 cm de comprimento, oblongo-elipsoides; semente deltoide.

Fl. & Frt.:   julho-março

Utilizações: O sumo das folhas é tomado por via oral para o tratamento da diabetes.

23. *Espargo racemoso* Willd.

Família: Liliaceae

Nome inglês: Sathavari

Nome local: Pilla pichara

Arbusto espinhoso, de raízes tuberosas; folhas minúsculas, cladódios, espinhosas; flores de cor branca em racemos simples; fruto baga.

Fl. & Frt.:   Set. - Out.

Utilizações: 4 a 5 raízes tuberosas por dia para controlar a diabetes em doentes diabéticos. Ou

As raízes tuberosas com raízes tuberosas de *Mirabilis Jalapa*, *Borhavia chinesis* e raízes de *Plumbago auriculata* são dadas em porções iguais embebidas em água de cal durante 2 dias, secas e trituradas. Duas colheres de pó misturadas com um copo de leite de cabra são tomadas diariamente três vezes durante 3 dias.

24. *Azadirachta indica A.juss.*

Família: Meliaceae

Nome inglês: Neem

Nome local: Vepa chettu.

Árvore de porte médio, até 15 m de altura, casca castanha com sulcos verticais. Folhas imparipinadas, folíolos ovado-lanceolados; flores brancas em panículas axilares; fruto drupa, amarelo-esverdeado quando maduro, com uma só semente, sementes elipsoides, cotilédones espessos, carnudos, oleosos.

Fl. & Frt.:   Mar.-Mar.

Utilizações: Os extractos de folhas cruas misturados com um pouco de água são tomados numa dose de 2-3 colheres de chá por dia com o estômago vazio. Ou a pasta de folhas é tomada com o estômago vazio para tratar a diabetes. Ou

Algumas flores embebidas num copo de água durante uma hora são tomadas de manhã cedo, diariamente, durante 15 dias.

25. *Beta vulgaris* L.

Família: Chenopodiaceae

Nome inglês: Beet root

Nome local: Raiz de beterraba

Planta herbácea bienal ou, raramente, perene, com caules frondosos que crescem até 1-2 m de altura; folhas em forma de coração, com 5-20 cm de comprimento; flores produzidas em espigas densas; cada flor é muito pequena, com 35 mm de diâmetro, verde ou avermelhada, com cinco pétalas; são polinizadas pelo vento; frutos em cacho de nozes duras.

Utilizações: Sumo da raiz tomado por via oral para curar a diabetes.

26. *Boehaavia diffusa* Linn.

Família: Nyctaginaceae

Nome inglês: Hogweed

Nome local: Aatika mamidi

Erva anual, difusa, ascendente e muito ramificada. Folhas opostas, de tamanho e forma variáveis. Flores cor-de-rosa em panículas axilares e terminais umbeladas. Fruto antocarpo, glandular.

Fl. e Frt.:   A maior parte do ano.

Utilizações: 10 ml de sumo de folhas cruas são tomados para reduzir o açúcar na urina. Os pacientes também são aconselhados a tomar as folhas e as pontas dos ramos tenros como vegetais.

27. *Bougainvillea spectabilis* Willd

Família: Nyctaginacae

Nome inglês: Bougainvillea

Nome local: Kagithal puvvu

O arbusto cresce como uma trepadeira lenhosa, atingindo 15 a 40 pés; folhas em forma de coração; caules espinhosos, pubescentes; flores brancas, vermelhas, malva, vermelho-púrpura ou laranja; fruto pequeno, discreto, seco, aquénio alongado.

Utilizações: As folhas jovens e tenras são tomadas de manhã cedo para a diabetes.

28. *Biophytum sensitivum* (L.)

Família: Oxaledaceae

Nome inglês: Life plant

Nome local: Pedda atipati

Uma palmeira anual em miniatura, não ramificada, erecta, glabra ou peluda, com caules de 2,5 a 25 cm; folhas sensíveis, pinadas, agrupadas em roseta no topo do caule; 5-12 cm de comprimento, 6-12 pares de folhetos opostos, pecíolo curto; flores dimórficas, pedúnculo amarelo de 8 mm, muitas, 10 cm de comprimento; sépalas são 5, lanceoladas, imbricadas; fruto elipsoide, apiculado; sementes ovóides estriadas transversalmente.

Fl. e Frt: junho-dezembro

Utilizações: O sumo das folhas é tomado de manhã cedo com o estômago vazio para tratar a diabetes.

29. *Brassica juncea* (L) Czern.

Família: Brassicaceae

Nome inglês: Brown mustard

Nome local: Aavalu

Erva anual erecta, até 1 m de altura. Folhas profundamente lobadas, enquanto as folhas superiores são estreitas; inflorescência racemosa alongada; flores amarelas pálidas; vagens de sementes ligeiramente comprimidas O bico tem 0,5 a 1 cm de comprimento. As sementes são redondas e podem ser amarelas ou castanhas.

Fl. e Frt: Set-Mar

Utilizações: Pó de sementes e folhas com leite tomado por via oral.

30. *Brassica oleracea* Linn.

Família: Crucíferas

Nome local: Couve

Nome inglês: Cabbage

Utilizações: As folhas são espremidas para tratar a diabetes.

31. *Butea monosperma* Lam

Família: Fabaceae

Nome inglês: Bengal kino

Nome local: Modugu

Árvore caducifólia de pequeno a médio porte, tronco tortuoso e irregular, casca cinzenta ou castanha escura, rugosa, ramos tomentosos. Folhas trifoliadas, glabras, largamente obovadas; flores de cor laranja-amarelada-escarlate; vagem plana, indeiscente, com espesso aveludado castanho.

Fl. & Frt.:   Mar-maio.

Utilizações: As folhas da planta são utilizadas para tratar a diabetes. Reduzem os níveis de açúcar no sangue.

32. *Cajanus cajan* (Linn.)Millsp

Família: Fabaceae

Nome inglês: Pigeon pea

Nome local: Kandhulu

Arbusto ereto e ramificado até 2 m de altura, folhas 3 folioladas; flores amarelas em panículas terminais; sementes 3-5, discoides, arredondadas, lisas.

Fl. e Frt: Out- Mar.

Utilizações: As sementes são cozinhadas e depois consumidas juntamente com a comida.

33. *Calotropis gigantean* (L)W. Aiton

Família: Asclepiadaceae

Nome inglês: Giant milk weed

Nome local: Thella jelledu

Arbusto grande, de 2-4 m. de altura; coberto de lã branca e macia; folhas decussadas, opostas, obovadas com base cordada; flores branco-púrpura ou púrpura azulada, em cimas umbeladas; folículo ftuito, 68 cm de comprimento.

Fl. & Frt.:   Durante todo o ano.

Utilizações: Utiliza-se a pasta de flores.

34. *Capparis zeylanica* Linn.

Família: Capparaceae

Nome local: Adonda

Arbusto trepador grande com espinhos em gancho, caules lenhosos, ásperos, partes jovens verdes; folhas ovadas ou elípticas, glabras na maturidade; flores branco-amareladas em supra axilares, soliárias, 2-3 pedunculadas; sementes man.

Fl. e Frt: Jan- maio.

Utilizações: Os frutos maduros são consumidos diariamente, duas vezes por quinzena.

35. *Cathranthus pusillus* (Murr.)G.Don

Família: Apocynaceae

Nome local: Konda Mirapa

Nome inglês: White periwinkle

Erva anual, erecta, até 30 cm de altura, ramos terete em baixo, quadrangulares em cima; folhas lanceoladas, glabras, flores brancas em corimbos terminais ou axilares de 5 a 7 flores, fruto em cápsula, sementes pretas.

Fl. e Frt: Jul & Dez.

Utilizações: Tomar 5 colheres de infusão de folhas de *pisidium guajava*, 2 vezes por dia, durante 45 dias.

36. *Catharanthus roseus* (L.) (= *Vinca rosea* L)

Família: Apocynaceae

Nome inglês: Pervinca vermelha

Nome local: Billa ganneru

Arbusto rasteiro perene; folhas opostas decussadas; flores brancas e cor-de-rosa em pares axilares, solitárias ou emparelhadas, axilares; fruto um par de folículos, cálice e glândulas longos e persistentes; sementes pretas, truncadas em ambas as extremidades, profundamente estriadas de um lado.

Fl. e Frt: Durante todo o ano

Utilizações: Extractos de folhas frescas ou extractos fervidos de folhas tomados por via oral. Ou

10 g de pó de planta inteira são misturados com 100 ml de água e administrados por via oral. Ou

O extrato seco da planta inteira é tomado para tratar a diabetes.

37. *Camellia sinensis* L

Família: Theaceae

Nome local: Theyaku

Nome inglês: Tea plant

Árvore ou arbusto de folha perene que cresce até 10-15 m de altura; as folhas são verde-claras, coriáceas, alternas, elíptico-obovadas ou com margem serrilhada, glabras, de comprimento variável de 5 a 30 cm, com 4 cm de largura; as folhas maduras são de cor verde brilhante; as flores são brancas.

Utilizações: O extrato de água quente das sementes é tomado por via oral para o tratamento da diabetes.

38. *Cannabis sativa* Linn.

Família: Cannabinaceae

Nome local: Ganjayi

Nome inglês: True hemp

Erva anual dióica, grande, resinosa e aromática, com caule angular ereto, a planta feminina é geralmente mais alta do que a masculina; folhas opostas em baixo, alternas em cima, divididas palmilateralmente; flores unissexuais, em cachos axilares curtos ou cimas; flores masculinas em panículas curtas e caídas, flores femininas em espigas axilares curtas e aglomeradas; aquénios globosos, brilhantes; sementes pretas, achatadas, oleosas.

Fl & Fr.: Dez-Fev

Utilizações: As sementes são tomadas contra a diabetes.

39. *Casearia tomentosa* Roxb. (Syn. *Casearia elliptica* willd.)

Família: Flacourtiaceae

Nome inglês: Toothed leaf chilla

Nome local: Chilaka dudhi

Arbusto ou pequenas árvores até 7 m de altura; folhas ovadas, arredondadas e assimétricas na base; flores densas, auxiliares; sementes numerosas.

Fl. e Frt: Fev- Abr.

Utilizações: 30 ml da casca da raiz fervida com extrato de água são tomados para curar a diabetes.

40. *Cassia auriculata L.* (Syn. *Senna auriculata* (Linn.) Avarai)

Família: Caesalpinaceae

Nome inglês: Tanner's cassia

Nome local: Thangedu

Arbusto; folíolos 8-12 pares, elíptico-oblongos, estípulas foliáceas; flores de cor amarela em corimbose; vagem fina e plana.

Fl: Out. - MaioFrt   : julho - Set.

Usos: 5 gm de pó de semente misturado com mel é dado por via oral ou o extrato de raiz é tomado por via oral para curar a diabetes ou juntamente com a água ou mel todas as partes na mesma quantidade é usado contra a diabetes. Ou

30 ml do extrato de água fervida das raízes são tomados diariamente duas vezes durante um período de um mês contra a diabetes.

41. *Cassia fistula L.*

Família: Caesalpinaceae

Nome inglês: Golden shower tree

Nome local: Rella

Árvore de porte médio; folíolos glabros, ovados; flores amarelas brilhantes em longos racemos caídos; vagens de 30-40 cm. de comprimento, pretas quando secas.

Fl. & Frt.:   maio-Ago.

Utilizações: O pó da casca é usado contra a diabetes. Ou 20 ml do extrato de água fervida das flores é tomado duas vezes por dia por pacientes diabéticos para reduzir os níveis de glucose no sangue.

42. *Ceiba pentandra* (L.) Gaertn.

Família: Bombacaceae

Nome local: Burugu

Nome inglês: White silk cotton tree.

Árvores altas, tronco direito, espinhoso quando jovem, até 30 m de altura, ramos horizontais; folhas 6-9 folioladas, folíolos oblanceolados; flores agrupadas nas extremidades dos ramos, brancas ou amareladas; fruto cápsula elipsoidal, sementes numerosas.

Fl.: Jan - FevFrt   : Abr - Mai.

Utilizações: Cerca de 5 ml de decocção da raiz são tomados por via oral duas vezes por dia durante 7 dias.

43. *Centella asiatica* (L.)Urban.

Família: Apiaceae

Nome inglês: Indian pennywort

Nome local: Saraswathi aaku

Erva prostrada, enraizando-se nos nós; caule estolonífero; folhas cordadas, 1-4 em cada nó, pecíolo 5-12 cm. de comprimento; flores sésseis, axilares, avermelhadas; fruto comprimido, mericarpo indeiscente; sementes - 2, castanhas.

Fl. & Frt.:   Mar.-Fev.

Utilizações: O sumo da planta inteira é tomado por via oral com o estômago vazio. Ou extractos de folhas frescas de 2-3 colheres de chá em jejum tomados quase durante 21 dias no início das condições diabéticas.

44. *Clerodendrum infortunatum* L.

Família: Lamiaceae

Nome inglês: Hill Glory Bower

Nome local: Bommala marri

Arbusto grande, ±.2. de altura, folhas tomentosas por baixo e glabras por cima, ovadas - cordadas; flores de cálice esbranquiçado, abertas após a maturidade.

Fl. e Frt: outubro - março.

Utilizações: A pasta de folhas é tomada por via oral contra a diabetes.

45. *Citrullus colocynthis* (L.) Schrad

Família: Cucurbitáceas

Nome inglês: Bitter apple

Nome local: chedhu pucha

Erva, rasteira, caule escarpado, anguloso; folhas profundamente 3-5 lobadas, densamente hirsutas; flores monóicas, axilares, as masculinas em racemos, as femininas solitárias; frutos bagas, verdes com riscas brancas, tornam-se amarelos ao amadurecer.

Fl & Fr.: Ago-Nov

Utilizações: A casca do fruto vermelho maduro é seca e transformada em pó e, em seguida, 5-10 g de pó são tomados com água no estômago vazio.

46. *Clitoria ternatea* L.

Família: Fabaceae

Nome local: Shanku pushpam

Nome inglês: Clitoria

Planta perene, bastante lenhosa; folhas ímpares pinadas, folíolos 5-7; flores azuis ou brancas; corola exercitada, com garras, padrão; estames 9+1; vagens lineares-oblongas; sementes 6-10, reniformes.

Fl. e Frt: Set- Fev.

Utilizações: Toma-se cerca de 1 colher de sumo de flores uma vez por dia durante 30 dias.

47. *Cinnamomum zeylanicum*

Família: Lauraceae

Nome inglês: Cinnamon

Nome local: Dalchina chekka

Pequena árvore perene com casca aromática lisa, acastanhada clara; folhas elíptico-lanceoladas, coriáceas, verde brilhante na superfície superior quando maduras; flores foetidas, em panículas, branco-amareladas; fruto roxo escuro, baga com uma única semente.

Fl & Frt: Jan - Mar

Utilizações: É usado principalmente em pó Ц colheres de chá por dia.

48. *Coccinia grandis* (L.)

Família: Cucurbitáceas

Nome inglês: Little gourd

Nome local: Donda

Arbusto trepador; folhas lobadas, palmadas; flores brancas, dióicas, macho fasciculado, fêmea solitária; fruto baga, verde com riscas brancas, vermelho quando maduro.

Fl. e Frt.:   A maior parte do ano.

Utilizações: 20 ml de extrato da planta inteira são tomados por via oral para tratar a diabetes. Ou 2 frutos frescos são dados regularmente para prevenir a diabetes.

49. *Cocos nucifera L.*

Família: Arecaceae

Nome inglês: Coconut

Nome local: kobari

Caule arbóreo com cicatrizes peciolares anulares; folhas pinnatisectas; flor em espádice de 60-90cm de comprimento, monóica; fruto drupa, trigonal, amarelo-esverdeado.

Fl. & Frt.:   Principalmente durante todo o ano.

Utilizações: O óleo é tomado e consumido.

50. *Colocasia esculenta* (L) Schott.

Família: Araceae

Nome local: Chemadumpa

Nome inglês: Taro

Erva tuberosa perene com um grupo de cormos farináceos subterrâneos; folhas com base foliar embainhada e pecíolo ereto com uma lâmina peltaciolada-ovada finamente coriácea; espádice mais curto do que a espata, apêndice mais curto do que a inflorescência, espata amarela; baga ovoide.

Fl & Frt: Out-Fev

Utilizações: O pó das folhas é utilizado para tratar a diabetes.

51. *Corallocarpus epigaeus* (Rottler) C.B.Clarke (Syn: *Bryonia epigaea* Rottl. & Willd.)

Família: Cucurbitaceae.

Nome local: Pulidumpa

Nome inglês: Bitter apple

Trepadeira esguia; raiz tuberosa, grande; gavinhas simples, delgadas; folhas largamente sub-orbiculares, cordadas irregulares, dentadas; flores monóicas; flores masculinas pequenas, amarelo-esverdeadas em cachos; fruto elipsoide, escarlate no meio, base e bico verdes.

Fl & Frt: Nov-Fev

Utilizações: Raiz fresca tomada com água e transformada numa pasta e consumida por via oral. Ou

As folhas frescas com mistura de frutos em água administrada por via oral contra a diabetes. Ou

O tubérculo é esmagado até se tornar pó e misturado com pó de folhas de *Aegle marmelos, Andrographis paniculata, Gymnema sylvestre* e *Syzygium jambos, Zizyphus rugosa* em proporções de 1: 2. Toma-se diariamente cerca de 1 colher de pó com água quente durante 7 dias.

52. *Costus igneus*

Família: Costaceae

Designação inglesa: Insulin plant

Uma planta perene, erecta e que se espalha, atingindo cerca de dois pés de altura; as folhas são simples, alternadas, inteiras, oblongas, perenes, com 4-8 polegadas de comprimento com venação paralela, folhas grandes, lisas e verde-escuras desta perene tropical têm partes inferiores roxas claras e estão dispostas em espiral em torno dos caules; lindas flores alaranjadas de 1,5 polegadas de diâmetro, os frutos são imperceptíveis.

Utilizações: Pasta de rizoma tomada por via oral para tratar a diabetes.

53. *Costus speciosus* (Koeing).Smith.

Família: Zingiberaceae

Nome inglês: Spiral ginger

Designação local: Planta Bomboi, Bokhachi.

Erva tuberosa, erecta, de 0,5-2 m de altura; caule não ramificado, carnudo; folhas de 10-25 cm de comprimento, com bainha basal disposta em espiral, elíptico-oblongo-lanceoladas; flores brancas, em espigas densas; brácteas de 3 cm, vermelho vivo ou escarlate, ovadas; fruto cápsula, avermelhado, trigonoso; sementes de cor preta.

Fl. & Frt.:   julho-Out.

Utilizações: A pasta de rizoma é tomada por via oral para tratar a diabetes.

54. *Curcuma longa* (L.)

Família: Zingiberaceae

Designação inglesa: Turmeric

Nome local: Pasupu

Erva rizomatosa; folhas oblongas ou elípticas, glabras, base obtusa cuneiforme, inteiras, ápice acuminado; flores em espiga; fruto em cápsula.

Fl. e Frt.:   julho - novembro.

Utilizações: 8 g de curcuma crua foram triturados, misturados com água e meia colher de mel e administrados durante 1 mês após as refeições.

55. *Curcuma pseudomontana* Graham.

Família: Zingiberaceae

Nome local: Adavi pasupu

Erva erecta; rizoma tuberoso; folhas lanceoladas-oblongas, espaçadas, com brácteas inferiores de cor esverdeada e brácteas superiores de cor rosa ou branca; flores de cor amarela; fruto cápsula.

Fl. e Frt: maio- Set.

56. *Cucumis melo* Roxb.

Família: Cucurbitáceas

Nome inglês: Sweet melo

Nome local: Putsakaya

Utilizações: O pó das sementes é tomado contra a diabetes.

57. *Cucumis trigonus* Roxb.

Família: Cucurbitáceas

Nome local: Adavi pucha

Erva perene, monóica, trepadora; folhas profundamente palmadas, 5 lóbulos, escabrosas de ambos os lados; flores masculinas amarelas em pequenos cachos; fruto elipsoide; sementes brancas.

Utilizações: O sumo de fruta é tomado para tratar a diabetes.

58. *Cuminum cyminum* Linn.

Família: Apiaceae

Nome inglês: Cumin

Nome local: Jilla karra

Erva; ramos delgados; folhas dissecadas, com poucos segmentos filiformes; flores brancas ou rosadas em umbelas compostas terminais; frutos de 4 mm de comprimento, com cerdas macias e minúsculas.

Fl & Fr.: Fev-Abr.

Utilizações: Os frutos são embebidos em água e tomados por via oral para tratar a diabetes.

Ou as sementes são utilizadas para tratar a diabetes.

59. *Cyperus rotundus* L.

Família: Cyperaceae

Nome inglês: Nut grass

Nome local: Ananthagiri

Ervas perenes; rizoma curto, com longos e delgados, com longos e delgados ramos que terminam em tubérculos perfumados e enegrecidos; caules esparsamente tufados, rígidos, lineares, triquetrados. Folhas numerosas, planas, nervuras proeminentes; bainhas castanhas. Espiguetas pálidas, 10-20 flores; aladas. Estames 3; anteras com crista vermelha; estigmas 3. Nozes oblongas, trigonais, apiculadas.

Fl. e Frt.:   outubro-janeiro.

Utilizações: O pó seco do tubérculo é tomado duas vezes por dia.

60. *Dillenia indica* L.

Família: Dilleniaceae

Nome local: Uvva kaya

Nome inglês: Elephant apple tree

Árvore; folhas até 30 x 12 cm, oblongas, por vezes obovadas, arredondadas ou agudas no ápice, por vezes acuminadas, dentadas. Carpelos 14-20, amarelo-esverdeados; frutos até 9 cm de diâmetro, verde-amarelados; sementes até 0,4 x 0,6 cm, numerosas, reniformes, pretas, margens ferrugíneas, peludas.

Fl. & Frt.:   Mar.-Dez.

Utilizações: O fruto moído para fazer chutney *(Allium sativum, Tamarindus, Capsicum)* misturado de forma igual e preparado com as refeições para tratar a diabetes.

61. *Enicostemma littorale*

Família: Gentianaceae

Nome inglês: White head

Nome local: Vellaruku

Erva erecta perene, com 40 cm de altura; folhas decussadas, ápice agudo, pecíolo com 5 mm de comprimento; flores brancas, densos cachos axiais à volta do caule.

Fl. e Frt: Jun- Jan

Utilizações: O pó das folhas é utilizado para a diabetes.

62. *Eucalyptus globulosus* St.- Lag. (Syn: *Eucalyptus globulus Labill*)

Família: Myrtaceae
Nome local: Nilagiri chittu
Nome inglês: Australian blue gum

As folhas juvenis largas e arbóreas estão dispostas em pares opostos em caules quadrados. Têm cerca de 6 a 15 cm de comprimento e estão cobertas por uma flor azul-acinzentada e cerosa; as folhas maduras são estreitas, em forma de foice e de cor verde escura brilhante; os botões têm forma de topo, são estriados e verrugosos e têm um opérculo achatado; as flores de cor creme nascem isoladamente nas axilas das folhas e produzem um néctar abundante que dá origem a um mel de sabor forte; os frutos são lenhosos e têm um diâmetro de 1,5-2,5 cm; numerosas sementes pequenas.

Utilizações: Folhas frescas esmagadas misturadas com pasta de folhas de *Coriandrum* e usadas de madrugada contra a diabetes.

63. *Euphorbia antiquorum* Linn.

Família: Euphorbiaceae

Nome local: Chzathura kalli

Nome inglês: Triangular spurge

Arbusto suculento ou pequena árvore de 5 m de altura; ramos 3 a 5 alados; folhas pequenas, obovadas-oblongas; cápsula de 1 cm, trigonosa; sementes de 2 mm, globosas.

Fl. e Frt: Dez- Fev.

Utilizações: O pó das folhas é misturado com leite de vaca e tomado por via oral para tratar a diabetes.

64. *Erythrina variegata* L. (Syn: *Erythrina indica* L.)

Família: Fabaceae

Nome local: Baditha

Nome inglês: Indian Coral Tree

Pequena árvore, com espinhos pretos nos ramos; folhas 3-foliadas, ovadas; flores vermelho vivo em ramos sem folhas; fruto em vagem; sementes 6-8.

Fl. & Frt.:   Mar.-Aug.

Utilizações: 25 ml de sumo de raízes frescas foram tomados durante 1 semana sem água para tratar a diabetes. Ou as folhas são tomadas por via oral contra a diabetes.

65. *Ficus benghalensis* Linn.

Família: Moraceae

Nome local: Marri chettu

Nome inglês: Banyan tree

Árvore de grande porte, com ramos extensos e raízes aéreas; folhas espessas, ovateelípticas; flores em receptáculos, globosas, vermelhas quando maduras.

Fl. & Frt.:   Jan.-Mar. & Out.-Dez.

Utilizações: Um quarto de copo de sumo da casca do caule é dado diariamente de manhã para tratar a diabetes.

Ou

100 gm da casca seca do caule e da raiz e 50 gm da casca seca do caule de *Ficus hispida* Linn são continuamente fervidos em 250 ml de água. A decocção obtida é tomada uma vez por dia durante um período de seis semanas para tratar a diabetes.

66. *Ficus hispida* Linn.f.

Família: Moraceae

Nome local: Bommidi

Nome inglês: Creeping fig

Arbusto grande ou pequena árvore, de 3-5 m de altura; folhas peludas, obovadas-oblongas; receptáculos peludos, numerosos, de cor amarela quando maduros.

Fl. e Frt.:   A maior parte do ano.

Utilizações: 4 a 5 frutos maduros consumidos diariamente uma vez por dia até curar.

67. *Ficus racemosa* Linn.

Família: Moraceae

Nome local: Atti pandu, Medi

Nome inglês: Cluster Fig Tree

Árvore com cerca de 15 m de altura; folhas elíptico-lanceoladas, agudas ou arredondadas na base; par basal de nervuras laterais arqueadas atingindo metade da lâmina, glabras; sicónio verde, globoso, liso, avermelhado quando maduro.

Usos: 60 g de casca do caule são esmagados e fervidos em 2 copos de água até reduzir a meio copo e depois filtrados, o filtrado misturado com uma colher de mel tomado por via oral contra a diabetes.

68. *Ficus religiosa* L

Família: Moraceae

Nome local: Ravvi

Nome inglês: Holy tree

Árvore perene de grande porte; folhas alternas, 8,9-17,5 cm, acuminadas, ovatecirculares, brilhantes; receptáculos em pares axilares, deprimidos, globosos, com 3 brácteas, roxo-escuro quando maduros.

Fl. & Frt.:   julho-Nov.

Utilizações: A folha e o fruto são tomados por via oral para tratar.

69. *Garuga pinnata* Roxb

Família: Burseraceae

Nome local: Garuga

Nome inglês: Grey downy balsam

Árvore caducifólia de grande porte; folhas imparipinadas, aglomeradas nas pontas, folíolos 1319; flores de cor amarela; fruto drupa, globoso; 1 semente.

Fl.: Abr.:- maio.   Frt: Nov. - Dez.

Utilizações: A casca fresca do caule e algumas folhas secas de *Gymnema sylvestre* (Retz.) R.Br. ex Schultes são fervidas em 100 ml de água. A decocção obtida é tomada diariamente 2 vezes durante um período de 7 semanas para tratar a diabetes. Durante este período de tratamento evita-se o consumo de alimentos ácidos, açúcar e carne.

70. *Guazuma ulmifolia* Lam.

Família: Sterculiaceae

Nome local: Bhadraksha

Nome inglês: Pigeon wood, West Indian elm

Pequena árvore com folhas obliquamente cordadas, tomentosas; flores amarelas, panículas axilares; fruto tuberculado 5celular, com muitas sementes.

Fl. e Frt: Jul- Out.

Utilizações: Cerca de 10 ml de decocção da casca são administrados por via oral uma vez por dia durante 45 dias.

71. *Gymnema Sylvestre* (Retz.) R. Br.

Família: Asclepiadaceae

Nome Lelugu: Podapathri

Nome inglês: Miracle Fruit

Trepadeira grande, lenhosa e muito ramificada, que se estende sobre as copas das árvores altas, com caules jovens e ramos pubescentes. Folhas pubescentes, elíptico-ovais e frequentemente cordadas; flores amarelo-esverdeadas em cimas laterais; fruto folicular, glabro, com 7 cm de comprimento, bicudo no ápice, glabro.

Fl. & Frt.:   julho-Nov.

Utilizações: As folhas ou o sumo das folhas são tomados diretamente de manhã cedo. Ou

5 g de pó de folhas secas são misturados com água e administrados por via oral. Ou

Meia colher de pó de folhas foi tomada diariamente a doentes diabéticos para regular os níveis de açúcar no sangue. Ou

Folhas secas em pó uma colher com as flores de *Cocos nucifera* Linn são tomadas com água quente uma vez por dia durante um período de 1 mês para tratar a diabetes. Ou

Folhas em pó juntamente com folhas de *Aegle marmelos, Andrographis paniculata*, tubérculos de *Corallocarpus Epigaeus* e *Syzigium cumini, Zizyphus rugosa* na proporção de 2:1. Toma-se cerca de 1 colher de pó juntamente com água quente diariamente, 2 vezes durante 1 semana.

72. *Helicteres isora* (L.)

Família: Sterculiaceae

Nome local: Malikaya

Nome inglês: Indian Screw Tree

Arbustos ou árvores, até 5 m de altura, ramos apicalmente estrelados-tomentosos. Folhas obovadas, obliquamente cordadas, serrilhadas e pubescentes por baixo; flores de cor vermelha viva, axilares; fruto de 5 folículos torcidos, sementes minuciosamente tuberculadas.

Fl. e Frt: julho-Dez.

Utilizações: O extrato da raiz é tomado por via oral contra a diabetes.

73. *Heliotropium indicum* Linn.

Família: Boraginaceae

Nome local: Naga danti

Nome inglês: Indian turnsole

Erva anual, erecta, híspida, caule terete; folhas alternas ou sub-opostas, ovadas, ovado-triangulares, raramente obovadas, obtusas ou agudas no ápice; flores violeta pálido, em espiga helicoidal; extra axilares; fruto de 2 nutlets.

Fl & Fr.: Durante todo o ano

Utilizações: Administrar diariamente 5 ml de decocção da raiz ou das folhas.

74. *Hemidesmus indicus* (Linn.)

Família: Asclepiadaceae

Nome local: Nannarin

Nome inglês: Indian sarsaparilla

Trepadeira esguia; folhas de forma e tamanho variáveis; flores pequenas de cor púrpura escura, em cachos axilares; folículo frutífero aos pares e divaricado.

Fl. & Frt.:   Ago.-Nov.

Utilizações: A infusão da raiz é tomada diariamente duas vezes durante um período de 6 semanas
para tratar a diabetes.

75. *Hibiscus rosa-sinensis* L.

Família: Malvaceae

Nome local: Mandara

Nome inglês: Chinese rose

Arbusto glabro, ereto; folhas oblongo-lanceoladas, serrilhadas, agudas; estípulas lineares;
flores vermelho-rosadas, solitárias; epiciclo com 10 segmentos, adnato na base do cálice; pétalas 5;
estames monadelfos; anteras monotecas; fruto cápsula, ovoide.

Fl. & Frt.:   Durante todo o ano.

Utilizações: As folhas são moídas e o extrato aquoso misturado com Hemidesmus é tomado num
copo cheio durante 2 a 3 meses.

76. *Hiptage benghalensis* var. benghalensis

Família: Malpighiaceae

Nome local: Madhavi latha

Nome inglês: Hipatage

Arbusto grande, perene, trepador, com pêlos brancos ou amarelados no caule; folhas
lanceoladas a ovado-lanceoladas, com cerca de 20 cm de comprimento e 9 cm de largura; pecíolos
até 1 cm de comprimento; ramos escandentes até 5 m de altura; flores cor-de-rosa a brancas, com
marcas amarelas; frutos com 2-5 cm de comprimento; propaga-se pelo vento ou por estacas.

Fl..: Pensamento do ano.

Utilizações: Decocção do extrato das folhas com bolbos *de Allium sativum* em pequena proporção
contra a diabetes.

77. *Holarrhena pubescens* (Buch.-Ham.) Wall. ex G. Don

Família: Apocynaceae

Nome local: Aku paala

Nome inglês: Ivory tree

Arbusto grande; casca castanha, rugosa; folhas, opostas ou por vezes subopostas, elíptico-oblongas, glabras, largamente arredondadas, ápice pouco acuminado; flores brancas, perfumadas, cimeiras paniculadas ou corimbosas, terminais e axilares; folículo emparelhado, cilíndrico, torruloso (Fig. 83).

Fl & Frt: Abr - Out.

Utilizações: As flores são secas à sombra e em pó de 2-3 gm é tomado diariamente duas vezes.

78. *Hybanthus enneaspermus* (Linn.)

Família: Violaceae

Nome local: Ratna purusha

Nome inglês: Spade Flower

Pequena erva de 10-15 cm de altura; folhas simples, lineares lanceoladas, pecíolo curto; flores solitárias, cor-de-rosa, pétalas vermelhas; cápsula do fruto ligeiramente peluda.

Fl. e Frt.:   junho-Nov.

Utilizações: 20 ml do sumo da planta inteira são tomados juntamente com o leite de vaca durante um período de quatro a cinco meses para tratar a diabetes.

79. *Ichnocarpus frutescens* (L.)

Família: Apocynaceae

Nome local: Nallateega

Nome inglês: Black creeper

Arbusto trepador de grande porte; folhas oblongas elípticas, glabras, acuminadas; látex presente; flores brancas com tonalidade esverdeada, em cimas dicásicas; fruto folículo.

Fl. & Frt.:   junho - Nov.

Utilizações: O pó das folhas é tomado por via oral para tratar a diabetes.

80. *Ipomoea aquatica* Forssk.

Família: Convulaceae

Nome local: Thutaku

Nome inglês: Water spinach

Erva ramificada ou prostrada que se enraíza nos nós, ramos ocos; folhas de forma variável, ovadas; flores roxas; cápsulas ovóides.

Fl. e Frt: Todo o ano.

Utilizações: Pó de folhas secas misturado com piper nigrum e administrado por via oral para tratar a diabetes.

81. *Ipomoea batata* (L) Lam.

Família: Convulaceae

Nome inglês: Sweet potato

Utilizações: As folhas são fervidas e o sumo é tomado por via oral para tratar a diabetes.

82. *Jatropha glandulifera* Rox.

Família: Euphorbiaceae

Designação inglesa: Physic nut

Arbusto de 2,5 m de altura, monoico; ramos robustos, curtos; folhas palmadas de 3 a 5 lóbulos; flores em cimas axilares, cápsula de 2 cm.

Fl. e Frt: Ago- Jan.

Utilizações: Os tubérculos são cozidos e tomados para tratar a diabetes.

83. *Kalanchoe pinnata* (Lam.) Pers.

Família: Crassulaceae

Nome local: Gorrela masala Kura

Nome inglês: Leaf of life

Erva erecta e suculenta; caules avermelhados quando jovens. Folhas 3-5 folioladas; folíolos oblongos ou ovado-elípticos, obtusos no ápice. Flores amarelo-esverdeadas em cimas paniculadas.

Folículos lineares.

Fl. & Frt.:   Jan.-Mar.

Utilizações: 1 gm de folhas cruas moídas com 100 ml de extrato de folhas de água tomado em 2-3 colheres de chá de manhã cedo contra a diabetes.

84. *Lagerstroemia speciosa* (L.) Pers.

Família: Lythraceae

Nome local: Vara gogu

Nome inglês: Pride of India, Queen of flowers

Árvore de pequeno a médio porte que cresce até 20 metros de altura, com casca lisa e escamosa; as folhas são caducas, ovais a elípticas, com 8-15 cm de comprimento e 3-7 cm de largura, com um ápice agudo; as flores são produzidas em panículas erectas com 20-40 cm de comprimento, cada flor com seis pétalas brancas a roxas com 2-3,5 cm de comprimento.

Utilizações: A casca dissolvida em água durante a noite, tomada com o estômago vazio contra a diabetes.

85. *Lantana camara* L.

Família: Verbenaceae

Nome local: Kampu rodda

Nome inglês: Lantana

Arbusto aromático, caules armados de espinhos; folhas ovadas, de base cordada, escabrosas; flores amarelo-alaranjadas ou vermelhas em espigas umbeladas; fruto drupa, preto quando maduro.

Fl. e Frt.:   A maior parte do ano.

Utilizações: As folhas são consumidas cruas para tratar a diabetes.

86. *Lawsonia inermis* L.

Família: Lythraceae

Nome local: Gorintaku

Nome inglês: Henna

Arbusto muito ramificado, com ramos de 4 ângulos que terminam em espinhos; folhas opostas, lanceoladas, inteiras; flores brancas em panículas; cápsula globosa. Cultivado e cultivado em compostos domésticos.

Fl. e Frt.:   fevereiro - maio.

Utilizações: O sumo das folhas misturado com leite de vaca é tomado uma vez por semana contra a diabetes.

87. *Leucas aspera* (willd.)link

Família: Lamiaceae

Nome local: Thummichettu

Erva robusta e rasteira; folhas ovadas, elípticas, serrilhadas; flores de cor branca, em espirais, lábio superior lanoso; fruto castanho, liso.

Fl. e Frt.:   A maior parte do ano.

Utilizações: É utilizada como planta medicinal no tratamento da diabetes.

88. *Limonia acidisima* L.

Família: Rutaceae

Nome local: Velaga

Nome inglês: Elephant apple

Árvores armadas, espinhos axilares, fortes, direitos; folhas alternas, folíolos 1-4 pares, opostos, oblongos; flores cremes, panículas terminais axilares.

Fl. e Frt: Mar - Dez.

Utilizações: 5-6 folhas são moídas e tomadas juntamente com leite de manteiga contra a diabetes.

89. *Litsea sebifera*

Família: Lauraceae

Nome local: Narre mamedi

Nome inglês: Brown bollygum

Árvore de grande porte, com cerca de 30 m de altura, folhas bem ramificadas, elípticas - lanceoladas, afiladas em ambas as extremidades, pecíolo com cerca de 4 cm de comprimento; flores amareladas pelas anteras, pubescentes, umbelas pouco floridas; fruto em baga, roxo quando maduro.

Fl & Frt: Abr. - Ago.
Utilizações: O sumo da casca misturado com água é utilizado para tratar a diabetes.

90. *Madhuca longifolia* (Koenig) Macbride

Família: Sapotáceas

Nome local: Ippa

Nome inglês: Mohua

Árvore caducifólia, com cerca de 15 m de altura; folhas elípticas, oblongas, acuminadas, amontoadas nas extremidades dos ramos; flores com 2-4 cm de comprimento, cremosas em cachos densos, corola carnuda com odor desagradável; fruto baga, carnudo, ovoide; 1-4 sementes.

Fl: Mar. - maio.   Frt: junho - julho.

Utilizações: O extrato de flor misturado com o extrato de folha de *Catharanthus roseus* é dado numa chávena duas vezes por dia aos pacientes diabéticos.

91. *Maerua oblongifolia* (Forsk.)

Família: Capparidaceae

Nome local: Bhoochakra gadda

Nome inglês: Desert Maerua

Plantas estrábicas não armadas, ramos glabros; folhas simples, ovadas; flores amarelo-esverdeadas; sementes globosas, lisas.

Fl. e Frt: janeiro - junho.

Utilizações: O bolbo da raiz crua com pimenta é tomado por via oral para tratar a diabetes.

92. *Mallotus philippensis* (Lam.)

Família: Euphorbiaceae

Nome local: Hanumanthuni bottu
Nome inglês: Kamala tree

Árvore de porte médio, de 5-10 m. de altura; folhas ovadas-lanceoladas, cinzento-pubescentes por baixo; flores masculinas de 10 cm de comprimento em cimas axilares e paniculadas na extremidade dos ramos, femininas de 5-6 cm de comprimento; fruto cápsula, de cor vermelha, glandular com 3 cocos.

Fl.:   maio- Ago. Frt: Fev. - Mar.

Utilizações: Poucos frutos e sementes de syzygium *cuminii* (Linn.) Skeels são fervidos em 200 ml de leite de vaca. A decocção é tomada duas vezes por dia durante um período de um mês para tratar a diabetes.

93. *Mangifera indica* L

Família: Anacardiaceae

Nome local: Mameedi

Nome inglês: Mango

Árvore de médio a grande porte; folhas verdes espessas, vermelho-púrpura ou amarelas quando jovens, oblongas e lanceoladas, amontoadas na extremidade dos ramos; flores de cor creme; fruto drupa; 1 semente.

Fl. & Frt.:   Fev. - maio.

Utilizações: As folhas frescas castanhas jovens são tomadas de manhã cedo com o estômago vazio.

94. *Marsilea minuta*

Família: Marsileaceae

Nome local: Chenchalam koora

Nome inglês: Water clover

Planta herbácea perene, rasteira, com rizoma delgado, longo e dicotomicamente ramificado, que se enraíza nos nós; folhas quadrifolioladas, lâmina dividida em quatro folíolos, esporocarpos em forma de feijão, nascidos em pedúnculos curtos ou longos, inseridos a uma curta distância acima da base do pecíolo.

Fl & Fr: Out-Jan

Folhas O sumo das folhas é utilizado para a diabetes.

95. *Maytenus heyneana* Roth..,

Família: Celastraceae

Nome local: Guttichippati

Nome inglês: Daisy Red

Arbusto armado com 2-4 m de altura, espinhos rectos, terminando em rebentos curtos; folhas ovadas; flores brancas em cimas dicotómicas axilares.

Fl. e Frt: Durante todo o ano.

Utilizações: Pó de raiz tomado por via oral para tratar a diabetes.

96. *Melia azedarach* Linn

Família: Meliaceae

Nome local: Turaka vepa

Nome inglês: Persian lilac

Árvore de pequeno a médio porte; folhas bi ou tripinadas; folíolos largamente ovados ou lanceolados, serrilhados, acuminados; flores lilases, púrpura-escuro, em longas panículas axilares; lóbulos do cálice 5; pétalas 5; estames 10-20; ovário 5-células; óvulos 2 por célula; fruto drupa; 1 semente.

Fl & Frt: Fev - Jun.

Utilizações: As sementes são utilizadas para o tratamento da diabetes.

97. *Memecylon scutellatum* (Lour.) Hook. & Arn.
Família: Melastomataceae

Arbustos ou raramente árvores, 1,5-4 m de altura, muito ramificados. Ramos; casca glaucosa. Pecíolo 3-5 mm; lâmina foliar elíptica a ovado-lanceolada; Inflorescências axilares, cimosas, até 8 mm; Pedicelo 1-2 mm, glabro; hipanto superficialmente em forma de taça, apicalmente truncado, repandente; Pétalas púrpura a azul, amplamente ovadas; Estame 3 mm; Fruto uma drupa baccada, globular, 6-7 mm de diâmetro, densamente tuberculada.

Fl.: Jun-AugFrt   : Jan-Mar.

Utilizações: Frutos tomados como consumo diário.

98. *Menispermum hirsutum* Linn (Syn: *Cocculus hirsutus* (Linn.) Diels)
Família: Menispermaceae

Nome local: Dusara teega

Nome inglês: Broom creeper

Arbusto esguio, viloso, trepador; ramos estriados, verde-azeitona; folhas simples, ovado-oblongas, suavemente tomentosas; flores masculinas amarelo-pálido, em panículas axilares; flores femininas minúsculas, esverdeadas, sépalas pubescentes; drupas roxas escuras ou pretas, tuberculadas.

Fl & Fr: Nov - Abr.

Utilizações: A decocção da planta inteira misturada com quantidades iguais de leite de vaca é tomada por via oral uma vez por dia.

99. *Mentha spicata* Linn

Família: Lamiaceae

Nome local: Pudina

Nome inglês: Spearmint

Erva perene, estolonífera; folhas oblongo-ovadas, decussadas, subsésseis, espessas; flores lilases claras em falsas espirais em inflorescência tipo espiga; fruto nutlet.

Fl & Frt: Set-Fev.

Utilizações: A planta inteira é emasculada e extraída em água, tomada de madrugada e antes de dormir para tratar.

100. *Milletia pinnata* (L) (Syn: *Pongamia glabra*)

Família: Fabaceae

Nome local: Ganuga

Nome inglês: Indian Beech

Árvore perene de 15 m de altura, árvore densamente folhosa; folhas imparipinadas; folíolos 3-5 pares, opostos, obovados, coriáceos, brilhantes por cima, obtuso-cuneiformes, ápice acuminado; inflorescência de panículas laxas; corola azul; vagem obliquamente oblonga, lenhosa comprimida, com bico decurvado, base estreitada, glabra, indeiscente, 1-semente.

Fl & Frt: Mar - Out

Utilizações: 3-4 gm de pó de flores misturado com 1 copo de leite é tomado diariamente com o estômago vazio. Ou

As flores são fritas em ghee e tomadas com mel diariamente três vezes para tratar a diabetes.

Ou

As folhas tenras são misturadas com curcuma em pó e tomadas de manhã cedo com o estômago vazio. Ou

5 g de pó de flores secas são tomados com água quente diariamente de manhã contra a diabetes.

101. *Mimusops elengi* L.

Família: Sapotáceas

Nome Telugu: Pogada

Nome inglês: Spanish cherry

Árvore perene de tamanho médio, casca escamosa; folhas coriáceas, elípticas, pouco acuminadas, agudas na base; flores brancas, perfumadas, axilares, solitárias ou em cachos; baga elipsoide, semente oblonga, preta brilhante.

Fl & Frt: Jun-Nov

Usos: Uma colher de pó de sementes secas misturada com 100 ml de água é administrada por via oral no início do dia.
manhã para tratar a diabetes.

102. *Mirabilis jalapa* L.

Família: Nyctaginaceae

Nome local: Mogamalli, Yerra malli

Designação inglesa: Four '0 clock plant

Um arbusto rasteiro; ramos suculentos, inchados nos nós. Folhas simples, ovadas a elípticas, de ápice acuminado ou acuminado. Flores cor-de-rosa, em cimeiras terminais. Endocarpos globosos, com nervuras, pretos quando maduros.

Fl. & Frt.:   Ago.-Set.

Utilizações: O sumo da raiz é tomado para tratar.

103. *Momordica charantia* L.

Família: Cucurbitáceas

Nome local: Kakara

Nome inglês: Bitter gourd

Trepadeira anual, pubescente e tendilosa. Folhas alternas, simples, cordadas, muito lobadas. Flores nas axilas das folhas, monóicas. Fruto fusiforme com superfície verrucosa, sementes com arilo vermelho.

Fl. & Frt.:   Set- Abr.

Utilizações: 10 g de pó de folhas secas misturado com 200 ml de água são tomados por via oral de manhã ou 100 ml de sumo de fruta fresca são tomados por via oral de manhã. Ou

30 ml de sumo de alguns frutos frescos e algumas folhas frescas com pedaços da casca do caule de *Syzygium cuminii* são administrados uma vez por dia para tratar a diabetes.

Ou

Sumo das folhas misturado com pepino tomado por via oral para tratar a diabetes.

104. *Moringa oleifera* Lam.

Família: Moringaceae

Nome inglês: Drumstick

Nome local: Munuga chettu

Pequenas árvores; folhas tripinadas, folíolos pequenos, ovados, elíptico-obovados. Flores brancas, fortemente perfumadas a mel, em panículas. Fruto cápsula alongada, deiscente loculicida, sementes arredondadas, aladas.

Fl. & Frt.:   Abr- julho.

Utilizações: O sumo das folhas é utilizado para tratar a diabetes

105. *Murraya koeningii* (L. spreng)

Família: Rutaceae

Nome local: karivepaku

Nome inglês: Curry leaf

Arbusto de grande porte ou pequena árvore; folhas imparipinadas, aromáticas; flores brancas, em corimbos terminais; fruto baga, preto.

Fl. & Frt.:   Abr- junho.

Utilizações: Extractos de folhas de duas a três colheres de chá de manhã cedo para tratar. Ou

Algumas folhas são tomadas diariamente antes de ir para a cama contra a diabetes.

106. *Musa paradisiaca* L.

Família: Musaceae

Nome local: Aratichettu

Nome inglês: Banana

Planta estolífera; folhas grandes, erectas ou ascendentes; espigas caídas; frutos oblongos, verde-amarelados quando maduros.

Fl. & Frt.:   Durante todo o ano

Utilizações: Extractos de caule tomados para reduzir a diabetes.

107. *Nelumbo nucifera* Gaertn

Família: Nymphiaceae

Nome local: Thamara puvvu

Nome inglês: Lotus

Erva aquática perene de grandes dimensões, com rizoma subterrâneo robusto e rastejante. Folhas peltadas, rotundas, com nervuras radiais, cerosas e glaucas por baixo. Flores de cor vermelha rosada, branca ou amarela.

Fl. e Frt.:   Durante todo o ano.

Utilizações: O sumo das flores é tomado por via oral para tratar a diabetes.

108. *Nyctanthes arbor tristis* L.

Família: Oleaceae

Nome local: Parijatham

Nome inglês: Tree of sorrow

Arbusto ou pequena árvore de até 4 m de altura, todo áspero, com pêlos brancos e duros; ramos jovens nitidamente quadrangulares, peludos; folhas ovadas a obovadas, ásperas e escabrosas por cima. Flores brancas ou amarelas em cabeças capitatadas; Fruto cápsula compresa.

Fl. & Frt.:   Todo o ano.

Utilizações: O sumo da folha jovem e a pasta de flores são tomados por via oral contra a diabetes.

109. *Ocimum gratissimum* L.

Família: Lamiaceae

Nome inglês: Shrubby basi

Nome local: Rama tulasi

Arbusto de 1,5 m de altura, caule 4 angulado; folhas ovadas, em forma de cunha na base, suavemente pilosas ou quase glabras; flores de cor amarela esverdeada; frutos de noz, subglobosos.

Fl. & Frt.:   Out.-Mar.

Utilizações: Folhas espremidas com *Viscum album* em água e misturadas. Tomar um copo de vidro da mistura três vezes por dia para tratar a diabetes.

110. *Ocimum sanctum* Linn

Família: Lamiaceae

Nome local: Tulasi

Nome inglês: Holy basil

Erva erecta pubescente, caule por vezes arroxeado, folhas elípticas oblongas, 2,5 - 5,0 cm de comprimento, racemos suaves com 15-20 cm de comprimento, pedículos mais compridos que o cálice, noz não mucilaginosa, lisa.

Fl. & Frt.:   A maior parte do ano

Utilizações: Pó das folhas tomado juntamente com o mel para tratar a diabetes. Ou

As folhas e a pasta de folhas de neem na proporção de 1:1 são muito eficazes no tratamento da diabetes.

111. *Opuntia ficus-indica* (L.) Mill.

Família: Cactaceae

Nome inglês: Spineless cactus

Utilizações: Os caules são fervidos e tomados numa dose de 100-500 mg por dia.

112. *Orthrosiphon glabratus* Benth.

Família: Lamiaceae

Nome local: Adavisajja

Nome inglês: Devil grass

Utilizações: Sumo das folhas tomado por via oral para tratar a diabetes.

113. *Oxalis corniculata* L.

Família: Oxalidaceae

Nome local: Pulichintaku
Nome inglês: Indian sorrel

Ervas anuais ou perenes, com enraizamento nos nós. Folhas digitadas, 3-folioladas, folíolos obcordados, cartáceos, pilosos, inteiros, ponta emarginada. Flores amarelas, axilares, com 1-6 flores. Cápsula oblonga, bicuda, sementes castanhas ou castanho-avermelhadas.

Fl. e Frt: julho-Dez.

Utilizações: 100 gm de partes aéreas são embrulhadas em folha de bananeira e depois de torradas em lenha são tomadas com sal diariamente com um intervalo de 3 dias.

114. *Panax ginseng*

Família: Araliaceae

Nome inglês: Ginseng

Utilizações: 0,5 a 9 gm de raiz seca tomada diariamente para tratar a diabetes.

115. *Pedalium murex* L.

Família: Pedaliaceae

Nome local: Yaanai Nerinji

Nome inglês: Bara Gokhru

Erva anual ramificada, 15-30 cm de altura. Caule anguloso, herbáceo; folhas opostas, largas e ovadas; flores roxas ou cor-de-rosa, axilares, solitárias; fruto duro e indeiscente.

Fl & Fr.: abril-Set.

Utilizações: Decocção das folhas utilizada para tratar a diabetes.

116. *Phlogocanthus thyrsiflorus* Nees

Família: Acanthaceae,

Nome local: Titaphool

Nome inglês: Ivy gourd

Arbusto perene até 2,4 m de altura, ramos quadrangulares; folhas com 13-35 cm de comprimento, oblanceoladas, elíptico-oblongas; flores em panículas terminais alongadas, tirsoides, até 30 cm de comprimento; corola tubular, curva; cápsula com 3,8 cm de comprimento.

Utilizações: Extractos frescos de folhas de 2-3 colheres de chá de manhã cedo para a diabetes.

117. *Fénix loureiroi* Kunth

Família: Arecaceae

Nome local: Konda eetha

Nome inglês: Hill date palm

Arbusto; folhas longas, folíolos estreitos, ápice acuminado, espinhosos; espádices interfoliares, espigas em cachos, espádice pistilado; drupa oblonga, verde passando por vermelho até roxo.

Fl & Fr.: Dez-Abr.

Utilizações: Os frutos são utilizados como dieta adicional.

118. *Phyllanthus amarus* Schum & Thonn.

Família: Euphorbiaceae

Nome local: Nelusiri

Nome inglês : Phyllanthus herb

Erva anual erecta, até 50 cm de altura, com ramos delgados. Folhas elíptico-obovadas ou oblongas. Flores axilares, unissexuais, flores masculinas solitárias nas axilas inferiores. Fruto cápsula, globoso deprimido, sementes - 6.

Fl. e Frt.:   A maior parte do ano.

Utilizações: Extrato da planta inteira misturado com quantidades iguais de *coccinia indica* e sementes de *Tephrosia purpura* esmagadas e trituradas. Cerca de 5 gms deste pó são administrados diariamente três vezes por dia.

119. *Phyllanthus emblica* L. (= *Emblica officinalis* Gaertn.)

Família: Euphorbiaceae

Nome local: Pedda usirikaya

Nome inglês: Amla, Indian gooseberry

Pequena árvore caducifólia, até 10 m de altura, com ramos teretos. Folhas oblongas, flores unissexuais, em fascículos axilares, flores masculinas em grande número nas axilas superiores, flores femininas em número reduzido nas axilas inferiores. Fruto drupa, globoso deprimido, carnudo, sementes trigonais.

Fl. & Frt.:   Mar. - Nov.

Utilizações: Pó fino de frutos secos e adicionar um pouco de água, deixar repousar durante algum tempo. Em seguida, filtrar a solução e misturar um pouco de limão, tomando-o de manhã cedo contra a diabetes. Ou

O pó de frutos secos é misturado com curcuma em pó e folhas de thangedu tomadas diariamente duas vezes antes da refeição.

Cerca de dez números de frutos foram triturados e o sumo obtido foi misturado com mel e administrado todos os dias. Ou um quarto de chávena de sumo de fruta é tomado por via oral com uma pitada de pasta de curcuma e mel uma vez por dia.

120. *Phyllanthus virgatus* Forst,

Família: Euphorbiaceae

Nome local: Gadhausiri

Nome inglês: Narrow piss weed

Erva, até 50 cm de altura, monóica, ramos alados; folhas 0,2-,0,4 cm, oblongas lineares, inteiras, agudas-apiculadas; flores solitárias nas axilas, as flores masculinas são poucas; semente trignosa.

Fl & Frt.: agosto-maio.

Utilizações: Sumo das folhas tomado por via oral para tratar a diabetes.

121. *Physalis minima* L

Família: Solanaceae

Nome local: Budama

Nome inglês: Wild Cape gooseberry

Erva; folhas ovado-lanceoladas, margens onduladas ou pouco dentadas; flores solitárias, amarelo-pálido nas axilas; fruto baga, subesférico; sementes numerosas.

Fl. & Frt.:   julho- Jan.

Utilizações: Pó de flores tomado por via oral para a diabetes.

122. *Pithecellobium dulce* (Roxb.) Benth.

Família: Mimosaceae

Nome local: Seemachinta

Nome inglês: Manila Tamarind, Madras thron

Árvore armada de 50 m de altura, ramos densamente tomentosos; folhas bipinadas, pecíolo de 2,5 cm; flores brancas em cabeças; sementes pretas, largamente ovadas.

Fl & Frt.: Nov- junho.

Utilizações: As sementes são utilizadas no tratamento da diabetes.

123. *Plumbago rosea* Linn

Família: Plumbaginaceae

Nome inglês: Fire plant

Nome local: Errachitramulam

Erva perene que cresce até 2 m de altura, caules erectos ou trepadores, simples ou ramificados a partir da base; folhas alternas, simples; pecíolo curto; inflorescência em espiga alongada ou racemo com muitas flores de 10-30 cm de comprimento, estames livres, ovário superior.

Utilizações: A decocção do caule de *plumbago rosea* e *Tinospora cardifolia* é tomada três vezes por dia para tratar a diabetes.

124. *Polyalthia cerasoides* (Roxb.)Bedd.

Família: Annonaceae

Nome local: Dudhuga

Árvore pequena, casca cinzenta clara, ramos densamente tomentosos; folhas oblongas; flores esverdeadas, axilares, solitárias.

Fl & Frt: Jan- Out.

Utilizações: A casca fresca 5-8 gm é esmagada e transformada em pasta com 2 colheres de chá de água e filtrada para obter o sumo, 2 colheres de chá do sumo são dadas por dia durante cinco a dez dias.

125. *Polyalthia longifolia* (Sonn.)

Família: Annonaceae

Nome local: Asokha

Nome inglês: Indian mast tree

Árvore perene de porte ereto. Folhas estreitas e lanceoladas, de 7 a 9 cm de comprimento, com margens onduladas; flores verdes, em fascículos ou umbelas; frutos com uma só semente.

dezembro - abril.

Utilizações: A casca do caule é utilizada para tratar a diabetes.

126. *Premna latifolia* Roxb.

Família: Verbenaceaere

Nome local: Pedha nelli

Nome inglês: Headache tree

Árvore de porte médio, 6 m de altura; folhas ovadas, base arredondada; flores branco-pálidas; estames 4.

Fl & Frt: Apl- Sep.

Utilizações: 30 ml do sumo da folha são tomados com um copo de leite de vaca diariamente, três vezes, para tratar a diabetes.

127. *Psidium gnajava* L

Família: Myrtaceae

Nome local: Jamakaya

Nome inglês: Guava

Árvore, 9 m de altura, ramos tomentosos; folhas decussadas, oblongas, ovadas; flores brancas, com 3 cm de diâmetro, axilares, solitárias; sementes numerosas.

Fl & Frt.: Durante todo o ano.

Utilizações: As folhas frescas são transformadas em infusão e bebidas como chá. A dosagem é de 9 mg/dia. Actua para reduzir os níveis de glicose no sangue.

128. *Pterocarpus marsupium* Roxb

Família: Fabaceae

Nome local: Yegisa

Nome inglês: Indian kino tree

Árvore de folha caduca, casca grossa, profundamente fendida; folhas longas, 5-7 folíolos, elípticas; flores de cor alaranjada, de aroma doce; fruto samara, orbicular.

Fl. & Frt.:   Abr. - Jul.

Utilizações: 20 ml de casca do caule ou madeira no extrato de água quente tomado diariamente duas vezes para tratar a diabetes.

Ou Extrato aquoso de madeira administrado por via oral para tratar a diabetes.

129. *Pterocarpus santalinus* Linn

Família: Papilionaceae

Nome local: Erra chandanam

Nome inglês: Red Sanders

Árvore de porte moderado, folhas alternas, imparipinadas; flores amareladas, axilares em racemos simples ou ramificados primaveris, vagem com 35. Em longa faixa, orbicular.

Fl. & Frt.:   abril - julho.

Utilizações: Toma-se uma pitada de pó da casca do caule com uma chávena de água quente diariamente, uma vez por dia, até curar.

130. *Rauvolfia serpentina* (L.) Benth. ex Kurz.

Família: Apocynaceae

Nome local: Sarpagandhi

Nome inglês: Sarpentina

Arbusto rasteiro; folhas em espirais de 3 ou 4, membranosas, elíptico-lanceoladas, brilhantes e pálidas por baixo; flores brancas com cálice e pedicelos escarlates, em cimas compactas corimbosas; fruto drupa com 5-8 cm de diâmetro, preto quando maduro.

Fl. & Frt.:   Out.-Jan.

Utilizações: A pasta de tubérculos da raiz é utilizada para o tratamento da diabetes e também para picadas venenosas.

131. *Rhynchosia cana* DC,

Família: Fabaceae

Nome inglês: Royal Snoutbean

Subarbustos com 1 m de altura, ramos viscosos; folhas trifolioladas, estipuladas; flores amarelas; legume com 1 cm de comprimento.

Fl & Frt: Dez- Abr.

O pó das folhas é tomado por via oral para a diabetes.

132. *Ricinus communis* L

Família: Euphorbiaceae

Nome local: Amudamu

Designação inglesa: Castor oil

Arbusto alto, glabro, anual ou perene, com caule oco ou pontiagudo, frequentemente quebradiço. Folhas com lóbulos palmados; flores monóicas em racemos paniculados terminais; fruto redondo, dividido em 3 cocos.

Fl. e Frt.:   A maior parte do ano.

Utilizações: O pó da raiz seca é dado de manhã cedo.

133. *Rubus fruticosus* (L)

Família: Rosáceas

Nome inglês: Black berry

Utilizações: As cascas secas são embebidas em água durante 12 horas e filtradas, obtendo-se aproximadamente 30 ml de filtrado tomado todos os dias com o estômago vazio durante 1 mês.

Ou

20 mg de frutos em pó seco tomados por dia.

134. *Salacia beddomei* Gamble

Família: Hippocrateaceae

Nome local: Anacorandi

Arbustos escandentes, ramos lenticelados. Folhas 10-20 x 7-9 cm, oblongas, obtusas na base e no ápice, ligeiramente crenadas; Flores amarelo-rosadas, 3-9 juntas; pedicelos com 1 cm de comprimento, delgados; sépalas com 1,5 mm de comprimento, triangulares; pétalas 2,5 x 1,5 mm, ovadas, agudas, glabras, amarelas com margens brancas; filamentos com 0,5 mm de comprimento.

Utilizações: A decocção da raiz é tomada regularmente.

135. *Salacia fruticosa*

Família: Hippocrateaceae

Nome local: Cherukorandi

Arbustos trepadores lenhosos; Folhas 3,8 - 7 x 2-4 cm, elíptico-ovais ou elíptico-oblongas, base arredondada ou cuneiforme, ápice obtusamente acuminado, coriáceas; pecíolo c. 5 mm de comprimento. Cimas axilares; pedicelos com 3-5 mm de comprimento. Cálice 5 lóbulos, minúsculo; pétalas 5, amarelo-acastanhadas, c. 2 mm de diâmetro, orbiculares; ovário globoso, minúsculo, parcialmente mergulhado no disco, tricelular; óvulos 2-8 em cada célula; estilete muito curto; estigma capitado, obscuramente trilobado, sementes 1-3.

Utilizações: A decocção da raiz é tomada regularmente.

136. *Salacia macro sperma*

Família: Hippocrateaceae

Nome local: Saptarangi

Utilizações: A decocção da raiz é tomada regularmente.

137. *Salacia oblonga*

Família: Hippocrateaceae

Nome local: Saptha rangi

Nome inglês: Salacia Indian

Arbustos trepadores, partes jovens glabras; folhas elíptico-oblongas; flores amarelo-esverdeadas, axilares, geralmente 3-6 com ou sem cabeças curtas e pedunculadas; ovário envolvido.

Fl & Frt: Dez - Abr.

Utilizações: Utiliza-se 250 ml de extrato aquoso da casca da raiz por kg.

138. *Salacia prinoides*

Família: Hippocrateaceae

Nome local: Korandi

Pequena árvore erecta ou esgalhada ou grande arbusto trepador lenhoso; as folhas são ovadas a lanceoladas; flores 2 a 6 agrupadas em tubérculos axilares, amareladas; frutos pequenos, globosos, com um a dois centímetros de diâmetro.

Utilizações: A decocção da raiz é tomada regularmente.

139. *Saraca asoca* (Roxb.) De Wilde

Família: Caesalpiniaceae

Nome local: Asoka

Nome inglês: Ashoka tree

Pequenas árvores ou grandes arbustos. Folhas pinadas, 25 cm de comprimento, folíolos 4-6 pares, oblongos, coriáceos, agudos a acuminados no ápice. Flores amarelo-alaranjado brilhante, cor-de-rosa com a idade, em panículas curtas, frequentemente laterais e corimbosas. Pétalas 0, estames geralmente 7, raramente 3-4. Vagem plana, oblonga, coriácea ou quase lenhosa; sementes obovado-orbiculares, comprimidas.

Fl. & Frt.:   Todas as estações.

Utilizações: Flores secas tomadas contra a diabetes. Ou

Tomar diariamente uma colher de chá de folhas em pó com água.

140. *Scoparia dulcis* (L.)

Família: Plantaginaceae

Nome local: Goddu tulasi

Nome inglês: Sweet broom weed.

Erva erecta, muito ramificada; folhas opostas ou espiraladas, dentadas - serrilhadas glabras; flores brancas, axilares; fruto cápsula, pequeno, globoso-ovoide, valvas bífidas.

Fl. e Frt: Durante todo o ano.

Utilizações: 5-6 folhas frescas são comidas ou mastigadas três vezes por dia antes das refeições.

141. *Senna itálico* Moinho

Família: Caesalpiniaceae

Nome local: Sana Makkah

Nome inglês: Sudan

Ervas perenes difusas, até 60 cm de altura; folhas nitidamente pecioladas, folíolos 4-8 pares, obovados-oblongos; flores amarelo-pálido, estames desiguais; sementes 6-12, ovóides, planas.

Utilizações: Cerca de 10 g de pó seco da planta inteira é tomado com água quente diariamente duas vezes.

142. *Sida acuta* Burm.f.,S

Família: Malvaceae

Nome local: Nela benda

Nome inglês: Horn bean leaved sida

Erva com muitos ramos; folhas lanceoladas, agudas; flores amarelas, solitárias, axilares; frutos com 5 carpelos.

Fl. & Frt.:   Set.-Dez.

Usos: Decocção de raiz misturada com o pó de raiz de *Asparagus recemosa* tomado por via oral para tratar
diabetes.

143. *Solanuum aethiopicum* L.

Família: Solanaceae

Nome inglês: African egg plant

Utilizações: Comer as folhas como vegetais para tratar a diabetes.

144. *Solanum nigrum* Linn

Família: Solanaceae

Nome local: Kamanchi.

Nome inglês: Poison berry

Erva anual, erecta, muito ramificada, com 1 m de altura; folhas ovadas; flores brancas, em cimas extra-axilares; sementes numerosas.

Fl & Frt.: Todo o ano.

Utilizações: As sementes são extraídas com água quente e o extrato obtido é misturado com mel e tomado por via oral para a diabetes.

145. *Solanum xanthocarpum*

Família: Solanaceae

Nome local: Ambu fanthao

Nome inglês: Febrifuge plant

Erva perene, muito espinhosa e difusa; folhas pinadas, ovado-elípticas; flores azuladas -

púrpura em cimas de 4-5 cm.

Fl & Frt.: Todo o ano.

Utilizações: O extrato de sumo de 1-3 frutos frescos é tomado como um remédio para os níveis elevados de glicose no sangue no corpo.

146. *Sophora interrupta* Bedd.

Família: Leguminosae

Nome local: Adavi sanaga

Utilizações: Extrato de folha tomado com uma proporção de 1:1 de pasta de ocimum e coriandrum usada contra a diabetes.

147. *Spermacoce hispida* L

Família: Rubiaceae

Nome local: Nathachuri

Designação inglesa: Shaggy Button Weed

Erva anual erecta, até 26 cm de altura; folhas ovadas; flores em poucas flores axilares; sementes amplamente elipsoides, grosseiras.

Fl & Frt: Jan- Fev.

Utilizações: Folhas alimentadas tomadas duas vezes por dia.

148. *Espinácea (Spinacia oleracea)*

Família: Amaranthaceae

Nome local: Palang

Nome inglês: Spinach

Utilizações: 200 g de *S. oleracea* misturados com igual quantidade de cenoura fresca e triturados para obter sumo são tomados todos os dias de manhã cedo com o estômago vazio para tratar.

149. *Stellaria media (*L.*)* Vill

Família: Caryophyllaceae

Nome local: Morolya

Nome inglês: Chicken wort

Utilizações: Acredita-se que o extrato aquoso da planta inteira numa dose de 2-3 colheres de chá com o estômago vazio ajuda a reduzir os níveis de glicose no sangue.

150. *Stevia rubodiyana* Linn

Família: Asteraceae

Nome local: Madhura

Designação inglesa: Stevia

Pequena planta herbácea que cresce até 50 cm de altura; folhas simples, opostas, ovado-lanceoladas, membranosas, de pecíolo curto e de sabor muito doce; flores brancas, pequenas em inflorescência terminal.

Fl & Fr: Durante todo o ano

Utilizações: Toma-se uma colher de pó de planta inteira uma vez por dia.

151. *Stroblanthus hyneanus* Nees

Família: Acanthaceae

Nome local: Karinkurunji

Utilizações: Extrato das folhas tomado de manhã cedo.

152. *Strychnos potatorum* Linn. *f*.

Família: Loganiaceae

Nome local: Induga

Nome inglês: Clearing nut tree

Árvores; folhas opostas, ovadas ou elípticas, agudas ou pouco acuminadas, inteiras, obtusas ou agudas na base, finamente coriáceas, glabras; cimas em madeira velha, glabras; bagas pretas quando maduras; sementes amarelas, com pêlos sedosos comprimidos.
Fl & Frt: maio - outubro

Utilizações: 3 sementes são demolhadas e esmagadas com leite de manteiga. Uma colher é administrada diariamente de manhã com o estômago vazio.

153. *Strychnos nux-vomica* L.

Família: Loganiaceae

Nome local: Mushidi

Nome em inglês: Nux-vomica

Árvore de folha caduca, até 15 m de altura, frequentemente com espinhos axilares curtos e fortes. Folhas elíptico-orbiculares, coriáceas. Flores branco-esverdeadas, perfumadas, em cimas compostas terminais. Fruto baga globosa, de casca grossa, alaranjada quando madura, ligeiramente rugosa, mas brilhante, com muitas sementes.

Fl. & Frt.:   Mar.-maio.

Utilizações: As polpas do caule e da casca, do fruto e do pericarpo (exceto as sementes) são secas e transformadas em pó. Cerca de 300500 mg de um pequeno comprimido preparado a partir deste pó é tomado por via oral para controlar a diabetes.

154. *Swertia chirata* L.

Família: Gentianaceae

Nome local: Chirata

Nome inglês: Bitter Stick

Erva; cimeiras pequenas, axilares, opostas, laxas; toda a inflorescência tem 2 pés de comprimento; as flores são pequenas, pedunculadas, amarelo-esverdeadas, tingidas de cor púrpura; o fruto é uma pequena cápsula unicelular com um pericarpo amarelado trans-parental, deiscente por cima, septicidalmente em duas válvulas; as sementes são numerosas, minúsculas. Utilizações: O extrato da planta inteira é tomado contra a diabetes.

155. *Syzygium alternifolium* (Wight) Walp.

Família: Myrtaceae

Nome local: Thamba Jalari
Nome inglês: Jambul

Árvores até 20 m de altura, ramos pálidos; folhas alternas, ovadas-oblongas; flores brancas pálidas em composto, tricotómicas, laterais.

Fl & Frt.: Mar - maio.

Utilizações: Pó de frutos secos tomado uma colher de chá com mel diariamente uma vez a 15 dias. Ou

Pó de sementes três vezes por dia com água, tomado depois das refeições, para a diabetes.

156. *Syzygium cumini* (L.) Skeels (Syn: *Eugenia jambolana* Lam)

Família: Myrtaceae

Nome local: Nerredu

Nome inglês: Indian cherry

Árvore alta, de casca castanha acinzentada, lisa. Folhas opostas decussadas, elípticas oblongas ou lanceoladas, coriáceas, glabras. Flores branco-esverdeadas claras em panículas axilares ou terminais dicotómicas. Fruto baga, ovado ou oblongo, brilhante a escuro quando maduro, com 1 semente.

Fl. &Frt.:   Mar.-junho.

Utilizações: Toma-se cerca de 1 colher de chá de pó de sementes com água de manhã com o estômago vazio e também à noite antes das refeições. Ou

30 ml do extrato de água quente das sementes são tomados diariamente duas vezes durante um período de um mês para tratar a diabetes.

28 g do extrato de água quente da casca do caule são tomados diariamente duas vezes durante um período de 45 dias para tratar a diabetes.

O consumo deste fruto é muito benéfico para os doentes com diabetes. Ou

Cerca de meia colher de chá de pó de sementes misturado com mel é tomado diariamente duas vezes durante um período de 20-30 dias. Ou

Sementes secas e alimentadas antes das refeições.

157. *Syzygium jambos* (L.) Alston.

Família: Myrtaceae

Nome local: Jambo neredu

Nome inglês: Maçã rosa

Pequena árvore, folhas simples, lanceoladas; flores branco-esverdeadas em curtas cimeiras recemosas terminais; frutos amarelo-pálido a branco-rosado, globosos; sementes 1-2, cinzentas em grande cavidade do pericarpo suculento.

Fl. e Frt: abril- junho.

Utilizações: O pó é preparado triturando as folhas juntamente com as folhas de *Aegle marmelos, Andrographis paniculata, Gymnema sylvestre, Zizyphus rugosa* e o tubérculo de *Corallocarpus epigaeus* (rácio de folhas e tubérculo de 2:1). O pó juntamente com água quente é tomado numa colher de chá duas vezes por dia durante 7 dias. Todos os tubérculos, abóbora, brinjal, grama verde devem ser abstidos durante o tratamento.

158. *Syzygium cerasoides* (Roxb.)

Família: Myrtaceae

Nome local: Raizada

Utilizações: A casca seca é transformada em pó e toma-se uma colher de pó por dia com água.

159. *Tephrosia purpurea* L.

Família: Fabaceae

Nome local: Vempali

Nome inglês: Wild indigo

Erva perene, de crescimento ascendente, com ramos longos, rígidos e pendentes; folhas compostas, imparipinadas; folíolos 13-17, emarginados na extremidade; flores rosa-púrpura, em racemos axilares; dentes do cálice triangulares; asas da corola bem aderentes à quilha; estandarte pubescente no dorso; vagem direita, apiculada.

Fl & Frt: agosto-dezembro.

Utilizações: 1 colher de chá de sementes em pó é administrada juntamente com um pouco de mel diariamente de manhã durante 21 dias contra a diabetes.

160. *Terminalia bellirica* Gaertn.) Roxb.

Família: Combretaceae

Nome local: Tani

Nome inglês: Belleri myrobalan

Árvore caducifólia de grande porte, casca cinzento-azulada com fissuras verticais; folhas amontoadas nas extremidades dos ramos, coriáceas, largamente elípticas ou obovadas; flores de cor creme, perfumadas, em espigas axilares; fruto drupa ovoide, com pêlos lanosos cinzento-veludados, obscuramente 5 angulosos.

Fl. & Frt.:   maio - Nov.

Utilizações: Os frutos secos são tomados para tratar a diabetes.

161. *Terminalia chebula* Retz

Família: Combretaceae

Nome local: Katukkai

Nome inglês: Chebulic myrobalan

Uma árvore de folha caduca que cresce até 30 metros de altura, com um tronco de até 1 metro de diâmetro; as folhas são alternadas a subopostas, ovais, com 7-8 centímetros de comprimento e 4,5-10 centímetros de largura, com um pecíolo de 1-3 centímetros.8-3.9 in) de largura, com um pecíolo de 1-3 centímetros (0.39-1.18 in); o fruto é uma drupa , com 2-4.5 centímetros (0.79-1.77 in) de comprimento e 1.2-2.5 centímetros (0.47-0.98 in) de largura, enegrecida, com cinco sulcos longitudinais.

Utilizações: Os frutos secos são tomados para tratar a diabetes.

162. *Terminalia catapa* L.

Família: Combretaceae

Nome local: Nattuvatham

Nome inglês: Bengal almond

A árvore atinge 35 m de altura, com uma copa vertical e simétrica e ramos horizontais; os ramos estão dispostos de forma distinta em camadas; as folhas são grandes, com 15-25 cm de comprimento e 10-14 cm de largura, ovóides, verde-escuro brilhante e coriáceas, com flores masculinas e femininas distintas na mesma árvore; o fruto é uma drupa com 5-7 cm de comprimento e 3-5 cm de largura, com um comprimento de 5-5 cm.5 pol.) de largura, ovóides, verde-escuras brilhantes e coriáceas, com flores masculinas e femininas distintas na mesma árvore; o fruto é uma drupa com 5-7 cm de comprimento e 3-5,5 cm de largura, inicialmente verde, depois amarela e finalmente vermelha quando madura, com uma única semente.

Utilizações: Folha e fruto tomados para a diabetes.

163. *Terminialia coriacea* (Roxb.)

Família: Combretaceae

Nome local: Nethivaripalli

Árvores até 15 m de altura, ramos com pubescência aveludada, cicatrizes foliares persistentes; folhas alternas, coriáceas espessas, nerbosas com 10 a 12 pares, pontuadas, com pubescência aveludada e glaucas por baixo, base obtuso- cordada. Drupas amareladas e aveludadas, 5 anguladas.

Fl. e Frt: junho- Out.

Utilizações: O fruto é utilizado para o tratamento da diabetes.

164. *Thaumatococcus danielli* (Benn.) Benth.

Família: Marantaceae

Nome inglês: Miracle berry

Erva, até 3-3,5 m de altura; as folhas ovado-elípticas (até 60 cm de comprimento e 40 cm de largura) nascem isoladamente de cada nó do rizoma; as inflorescências são simples ou simplesmente ramificadas; o fruto é carnudo, de forma trigonal; na maturidade, cada fruto contém três sementes pretas, extremamente duras.

Utilizações: As sementes e as raízes são cozidas para tratar a diabetes.

165. *Tinospora cordifolia* (Willd.) Hook. f.& Thoms.

Família: Menispermaceae

Nome local: Tippatega

Nome inglês: Gulancha tinospora

Trepadeira lenhosa, com caules suculentos que lançam raízes aéreas. Folhas cordadas, glabras. Flores unissexuais, as masculinas nas axilas das brácteas, as femininas solitárias. Fruto globoso, vermelho quando maduro, séssil, drupa.

Fl: Nov.-Fev. Frt: Fev.-Abr.

Utilizações: O extrato da casca é tomado de manhã cedo contra a diabetes. Ou

As raízes são fervidas em leite de vaca, secas e transformadas em pó, tomado por via oral para a diabetes.

166. *Tragia involucrate* Linn

Família: Euphorbiaceae

Nome local: Theegaduradagunta

Erva hispídica trepadora ou sarmentosa, com pêlos urticantes, monóica; os ramos são estriados. Folhas lineares lanceoladas-lineares elípticas, cuneado-arredondadas. Flores em racemos axilares e terminais opostos às folhas. Cápsula 5 mm, híspida; sementes globosas, lisas.

Fl. e Frt. :   dezembro - março.

Utilizações: A decocção da raiz é tomada duas vezes por dia.

167. *Tribulus terrestris* Linn

Família: Zygophyllaceae

Nome local: Palleru

Nome inglês: Land caltrops

Erva prostrada, procumbente, ramos vilosos; folíolos 4-6 pares, desiguais, oblongos, base cuneiforme, inteiros, mucronados-agudos; flores amarelas brilhantes, axilares, solitárias; fruto esquizocarpo; sementes solitárias.

Fl & Fr: Jul-Set

Utilizações: A decocção de frutos secos é tomada para tratar.

168. *Trigonella foenum- graecum* Linn

Família: Fabaceae

Nome local: Methi

Nome inglês: Fenugreek

Erva aromática anual; folhas pinadas, 3-foliadas, folíolos oblanceolados-oblongos; flores brancas ou cremes, axilares, solitárias; fruto em vagem, 10-20 sementes; sementes esverdeadas, castanhas, oblongas, com um sulco profundo no canto.

Fl & Frt.: Ago-Abr.

Utilizações: As sementes são embebidas em água para tratar a diabetes. Ou 5-30 gm de folhas são tomadas três vezes ao dia com a refeição para tratar a diabetes. Ou tomam-se 25 gm de sementes em pó uma vez por dia.

169. *Vaccinium myrtillus*

Família: Ericaceae

Nome inglês: Blue berry

Esta planta é uma erva natural para controlar os níveis de açúcar no sangue.

Utilizações: O extrato de folhas de 3 chávenas por dia é utilizado contra a diabetes.

170. *Vernonia amygdalina* Del.

Família: Asteraceae

Nome inglês: Bitter leaf

Pequeno arbusto, até 2-5 m de altura; folhas elípticas até 20 cm de comprimento; casca rugosa.

Utilizações: As folhas são consumidas cruas para tratar a diabetes.

171. *Ventilago maderaspatana* Gaertn.

Família: Rhamnaceae

Nome local: Surugudu

Nome inglês: Trepadeira vermelha

Arbustos trepadores; ramos jovens negros quando secos; folhas até 8 x 3,5 cm, ovado-elípticas, ápice e base obtusos, crenadas na metade inferior, coriáceas; pecíolo até 1 cm. Panículas axilares e terminais, até 15 cm de comprimento, cinzento-pubescentes; pedicelos até 3 mm, pubescentes; pétalas 1 mm, obovadas; estames 5, opostos às pétalas, filamentos 1 mm, disco achatado, 5-angulado; ovário meio inferior, pubescente, estilete 0,5 mm, estigma pouco bífido.

Fl: Dez - Mar & julho - Dez.   Frt: Pensamento do ano.

Utilizações: Sementes utilizadas em caril, tomadas diretamente com leite ou água para tratar.

172. *Vernonia anthelmintica* (Linn.) Willd.

Família: Asteraceae

Nome local: Neeru visham

Nome inglês: Purple fleabane, Ironweed

Ervas erectas e robustas; caule terete, peludo; folhas elíptico-lanceoladas; corimbos terminais, opostos nas folhas, geralmente solitários; pedúnculos longos; corola púrpura, lóbulos 5, ovado-lanceolados, agudos; estilete filiforme, exserto e bífido; aquénios terete, peludos nas nervuras.

Fl & Frt: Out-Nov

Utilizações: O pó das sementes é tomado para tratar a diabetes.

173. *Vigna mungo* L.

Família: Fabaceae

Nome local: Matimah crua

Nome inglês: Black gram

Erva erecta, até 30 cm, ramos estrigosos. Folhas 3 - folioladas, folíolos não lobados; flores amarelas em racemos axilares ou opostos a folhas de 15 cm de comprimento.

Fl & Frt: Ago - Dez.

Utilizações: Cerca de 50 g de sementes cruas moídas e embebidas num copo de leite durante a noite e administradas durante um período de 20 dias para tratar a diabetes.

174. *Vitex negundo* L

Família: Verbenaceae

Nome local: Vavili

Nome inglês: Five-leaved chaste tree

Arbusto de grande porte; folhas trifoliadas, lineares lanceoladas, folíolos peciolados, branco tomentoso por baixo; flores roxas azuladas em panículas terminais; fruto drupa.

Fl. & Frt.:   Durante todo o ano.

Utilizações: 5 gm de pó de raiz são tomados diariamente duas vezes durante três semanas para tratar a diabetes.

175. *Wattakaka volubilis* (Linn.f.)

Família: Asclepiadaceae

Nome local: Palatheega

Nome inglês: Green wax flower

Extensa planta perene, lenhosa, pubescente, com látex aquoso. Folhas largamente ovadas, acuminadas, pubescentes, glandulares acima perto do pecíolo; flores amarelo-esverdeadas em cimeiras umbeladas pendentes; folículos de frutos aos pares; muitas sementes, com coma mole branco.

Fl. & Frt.:   maio -Nov.

Utilizações: 1 colher de chá do pó da folha é tomada regularmente com água contra a diabetes.

176. *Withania somnifera* (Linn.) Dunal.

Família: Solanaceae

Nome local: Pennerugadda, Aswagandha

Nome inglês: Aswagandha

Subarbusto ereto e ramificado; folhas ovadas, base truncada, margem inteira, ápice agudo, pilosas; flores amarelo-esverdeadas em fascículos axilares; bagas globosas sobrepujadas pelo cálice inflado e acrescentado, com 5 ângulos, vermelhas quando maduras.

Fl & Fr.: Jul-Out.

Utilizações: O sumo das folhas é utilizado para a diabetes. A decocção da raiz é utilizada para controlar a tensão arterial.

177. *Zizyiphus jujuba* Mill

Família: Rhamnaceae

Nome local: Jujuba

Nome inglês: Indian jujube

Árvore muito ramificada, espinhosa; folhas simples, suborbiculares ou ovado-elípticas, glabras em cima, tomentosas ferrugíneas em baixo; flores amarelo-esverdeadas, em cimas axilares; drupas globosas, amarelas ou vermelhas quando maduras, 1-2 células, rogosas.

Fl. e Frt: Out-Jan.

Utilizações: Meia colher de chá de sementes em pó é tomada com um pouco de mel contra a diabetes.

178. *Zizyiphus rugosa* Lam

Família: Rhamnaceae

Nome local: Konda regu

Arbusto grande, troncudo, de folhas simples, elíptico-ovais, aveludadas por baixo; flores amarelo-pálido, em cimeiras axilares; drupas verde-pálido.

Fl. e Frt: Fev- maio.

Utilizações: Folhas em pó juntamente com as folhas de *Aegle marmelos, Andrographis paniculata, Gymnema sylvestre, Zizyphus rugosa* e tubérculo de *Corallocarpus epigaeus* (proporção de folhas e tubérculo de 2:1). O pó, juntamente com água quente, é tomado numa colher de chá duas vezes por dia durante 7 dias.

As plantas medicinais são uma óptima fonte de medicamentos. Os medicamentos atualmente disponíveis derivam direta ou indiretamente delas. Algumas plantas medicinais antidiabéticas testadas farmacologicamente são descritas a seguir.

1. *Acácia Arábica*

O extrato da planta mostrou um efeito hipoglicémico em ratos através da libertação de insulina das células beta pancreáticas. **(Patel DK et al., 2012)**. As sementes em pó desta planta na dose de 2, 3, 4 gm/kg em coelhos normais mostram um efeito hipoglicémico significativo **(Raju Patil et al., 2011)**.

2. *Achyranthes aspera L*

A administração oral desta planta numa dose de 2, 3 e 4 g/kg mostrou um efeito hipoglicémico significativo relacionado com a dose em coelhos diabéticos normoglicémicos e induzidos por aloxano **(Mohamed Bnouham et al., 2006)**.

3. *Achyrocline satureioides*

A administração oral de extractos desta planta numa dose de 20 mg/kg mostrou uma redução significativa dos níveis de glucose no sangue **(Rawat Mukesh et al., 2013)**.

4. *Acosmium panamense* Schott.

A administração oral de extractos de água desta planta em doses de 20 e 200 mg/kg e de extractos de butanol em doses de 20 e 100 mg/kg reduziu significativamente os níveis de glucose no plasma em ratos diabéticos no prazo de 3 h em ratos diabéticos induzidos por STZ (***G.B. Kavishankar et al., 2011***).

5. *Aegle marmelos*

O extrato aquoso de folhas de *Aegle marmelos* mostrou atividade anti-hiperglicémica em ratos diabéticos induzidos por estreptozotocina após um tratamento de 14 dias, quer por estimulação direta da captação de glicose através do aumento da secreção de insulina, quer pelo aumento da utilização de glicose. **(Patel DK et al., 2012)**.

6. *Allium cepa*

O tratamento oral de sumo de cebola numa dose de 120 mg/kg mostra que os níveis de glicose no sangue são regulados em ratos diabéticos induzidos por aloxano **(Raju Patil et al., 2011)**.

7. *Allium sativum*

A administração oral do extrato de etanol do sumo e do óleo desta planta mostrou um efeito de redução do açúcar no sangue em ratos diabéticos normais e induzidos por aloxano **(DK Patel et al., 2012)**.

8. *Aloé vera*

O tratamento oral com sumo de *Aloé vera* reduziu significativamente os níveis de triglicéridos após 2 semanas de tratamento e os níveis de colesterol não foram afectados **(S. YONGCHAIYUDHA et** al., 1996). O efeito hipoglicémico desta planta em ratos diabéticos foi demonstrado através da síntese da libertação de insulina das células beta pancreáticas. **(DK Patel et al., 2012).**

9. *Anacardium occidentale* Linn.

As actividades anti-hiperglicémicas e de proteção renal das suas folhas foram relatadas em ratos diabéticos induzidos por estreptozotocina **(Rawat Mukesh et al., 2013).**

10. *Andrographis paniculata*

O tratamento oral de *Andrographis paniculata* e *Andrographolide* em ratos diabéticos normais e induzidos por estreptozotocina apresenta uma atividade anti-hiperglicémica promissora. Esta atividade pode ser devida à prevenção da absorção de glucose a partir do intestino (**Donga** *et al.*, **2011& KASHIKAR V.S et al., 2011).**

11. *Annona muricata* Linn.

O extrato da folha desta planta desempenhou um papel importante na redução do stress oxidativo nas células β pancreáticas de ratos diabéticos tratados com estreptozotocina **(Rawat Mukesh et al., 2013).**

12. *Annona squamosa:* O extrato aquoso da *raiz* desta planta numa dose de 250 mg/kg e 500 mg/kg administrada a ratos diabéticos induzidos por STZ mostrou reduzir os níveis de glicose no sangue (**Saravanan** *K et al., 2013).*

13. *Artemisia pallens*

O tratamento oral do extrato das partes aéreas desta planta produziu uma redução dependente da dose na glicemia em ratos diabéticos induzidos por aloxana (**Donga** *et al., 2011).*

14. *Azadirachta indica*

Uma dose baixa e alta da parte em pó, do extrato aquoso e do extrato alcoólico mostrou uma atividade hipoglicémica significativa **(Rawat Mukesh et al., 2013).**

15. *Bauhinia candicans*

O efeito de diferentes fracções do extrato metanólico das folhas de *Bauhinia candicans* numa dose de 8 mg/kg mostrou atividade hipoglicémica juntamente com uma redução da excreção urinária de glucose. **(Rawat Mukesh et al., 2013).**

16. *Biophytum sensitivum*

A administração oral do extrato etanólico da planta inteira diminuiu significativamente o nível de glicose no sangue, o nível de colesterol sérico e aumentou o nível de proteína total de ratos diabéticos induzidos por aloxano (**Saravanan** *K et al., 2013).*

17. *Boerhaavia diffusa*

Os extractos clorofórmicos das folhas mostraram atividade antidiabética em ratos diabéticos induzidos por estreptozotocina. Esta atividade pode ser devida à redução do nível de glicose no sangue e ao aumento da sensibilidade à insulina **(DK Patel et al., 2012).**

18. *Buganvília (Bougainvillea spectabilis)*

As folhas de Bougainvillea Spectabilis mostraram uma atividade hipoglicémica significativa **(Shukla et al., 2000).** Os extractos etanólicos de folhas em ratos albinos diabéticos de tipo I induzidos por estreptozotocina, o que pode ser devido ao aumento da captação de glicose por glicogénese melhorada no fígado e também devido ao aumento da sensibilidade à insulina **(DK Patel et al., 2012).**

19. *Brassica juncea*

Os extractos aquosos de sementes numa dose de 200 mg/kg em ratos diabéticos induzidos por estreptozotocina, diariamente uma vez durante um mês, causam uma atividade anti-hiperlipidémica e antidiabética significativa **(Raju Patil et al., 2011).**

20. *Brassica nigra* (Cruciferae)

O tratamento oral do extrato aquoso desta planta durante dois meses diminuiu o nível de glicose no soro, o que se deveu principalmente à libertação de insulina do pâncreas **(DK Patel et al., 2012).**

21. *Caesalpinia bonducella*: O tratamento oral do extrato de *Caesalpinia bonducella* numa dose de 300mg/kg mostrou uma ação anti-hiperglicémica significativa. Esta ação pode dever-se ao bloqueio da absorção de glucose **(Rawat Mukesh et al., 2013).**

22. *Cajanus cajan* Millsp

A administração oral de sementes não torradas em dose única mostrou uma redução significativa dos níveis de glucose no soro durante 1-3 horas em ratos aloxânicos e saudáveis **(Donga et al., 2011).**

23. *Capparis decidua*

A fração rica em alcalóides desta planta mostrou potencial antidiabético em ratos **(Raju Patil et al., 2011).**

24. Raiz de *Casearia esculenta* (Roxb.)

O tratamento oral do extrato aquoso da raiz numa dose de 300 mg/kg B.w. durante 45 dias mostrou uma redução significativa na glicose sanguínea e nas actividades da glucose-6-fosfatase e da frutose-1, 6-bifosfatase e um aumento na atividade das hexoquinas hepáticas (*G.B. Kavishankar et al., 2011*).

25. *Cassia auriculata* L.

A administração oral de extrato aquoso de flores de *Cassia auriculata* L. em ratos diabéticos induzidos por estreptozotocina em diferentes doses durante 30 dias mostrou uma atividade anti-hiperglicémica significativa **(Donga et al., 2011).**

26. *Cocculus hirsutus* Linn

O potencial anti-hiperglicémico do extrato aquoso de *Cocculus hirsutus* pode dever-se à redução do nível de glicose sérica em ratos diabéticos e ao aumento da tolerância à glicose **(Neelesh Malviya et al., 2010).**

27. *Datura metel*

O extrato de pó de sementes mostrou uma rápida normalização do nível de glicose no sangue, este efeito pode ser o mecanismo de algumas células β que podem ter sobrevivido aos danos e segregado a insulina **(Maheshwari et al., 2013)**.

28. *Emblica officinalis*

O tratamento oral do extrato etanólico do pó de sementes desta planta em ratos diabéticos induzidos por aloxano mostrou uma redução do nível de glicose no sangue e do nível de colesterol sérico **(Saravanan *K et al., 2013*)**.

29. *Glóbulos de eucalipto*

A administração de extrato de folhas em ratos diabéticos induzidos por aloxano mostrou melhorar a glicose no sangue através do aumento da captação periférica de glicose **(Raju Patil et al., 2011)**.

30. *Eugenia jambolana* Lam (Syn: *Syzygium cumini* (L.) Skeels)

Este extrato de sementes de plantas foi examinado em animais normais e diabéticos e verificou-se que aumenta a secreção de insulina das células **(Patel DK et al., 2012)**. A administração oral do composto isolado do extrato da semente desta planta, Mycaminose, numa dose de 50 mg/kg e acetato de etilo (200mg/kg) e extractos de metanol (400 mg/kg) de frutos e folhas mostrou uma redução do nível de glicose no sangue de ratos diabéticos induzidos por STZ **(Saravanan *K et al., 2013*)**.

31. *Ficus bengalensis* Linn

O extrato da casca desta planta mostra a atividade hipoglicémica em coelhos e ratos diabéticos com aloxano e em seres humanos **(Shukla et al., 2000)**. O tratamento oral do extrato de *Ficus bengalensis* em ratos normoglicémicos e diabéticos. Foi registado um aumento dos níveis de insulina no soro **(Mohamed Bnouham et al., 2006)**.

32. *Ficus religiosa* L

A administração oral do extrato aquoso da casca de F. religiosa reduziu significativamente o nível de glicose no sangue e aumentou o nível de insulina no soro, o conteúdo de glicogénio no fígado e no músculo esquelético em ratos diabéticos induzidos por STZ **(J.K Grover et al., 2004)**.

33. *Ginkgo biloba*

O extrato desta planta em humanos e ratos saudáveis mostrou um aumento significativo da concentração de insulina. **(DK Patel et al., 2012)**.

34. *Gymnema sylvestre* (Retz.) R. Br

O extrato das folhas desta planta suprimiu a elevação dos níveis de glicose no sangue ao inibir a absorção de glicose no intestino **(Shukla et al., 2000)**.

35. *Helicteres isora* L.

A administração do extrato etanólico da raiz desta planta numa dose de 300 mg/kg, em ratos, mostrou uma atividade de sensibilização à insulina **(*Kasikar et al., 2011*)**.

36. *Jatropha curcas* L.

O extrato etanólico das folhas de *Jatropha curcas* L. foi estudado em ratos diabéticos normais e induzidos por aloxano, tendo demonstrado um efeito anti-hiperglicémico de 50% (**Sachdeva Kamal et al., 2011**).

37. *Lantana camara* L

O extrato metanólico das folhas desta planta mostrou atividade antidiabética e propriedades anti-hiperlipidémicas (**Raju Patil et al., 2011**).

38. *Liriope spicata*

O extrato aquoso desta planta administrado na dose de 100mg/kg e 200gm/kg em ambos os grupos, ou seja, controlo e ratos diabéticos, após 28 dias de tratamento, relatou uma diminuição significativa do nível de glicose no sangue em ratos diabéticos induzidos por estreptozotocina (**M.Upendra Rao et al., 2010**).

39. *Mangifera indica* L

A ação hipoglicemiante desta planta pode dever-se a uma redução da absorção intestinal da glicose (**Donga et al., 2011**).

40. *Memecylon umbellatum*

A administração oral de extrato alcoólico das folhas de *Memecylon umbellatum* numa dose de 250 mg/kg causou uma redução significativa nos níveis de glicose sérica em ratos normais e aloxânicos aos 30, 60 e 90 minutos após a administração (**Donga et al,. 2011**).

41. *Momordica cymbalaria*

O tratamento durante 15 dias com o pó do fruto de *Momordica cymbalaria* Hook produziu um efeito significativo de redução da glicose no sangue em ratos diabéticos induzidos por aloxana, mas não em ratos normoglicémicos. (**Donga et al., 2011**).

42. *Momordic charantia* L

Os extractos alcoólicos desta planta mostraram uma redução significativa dos níveis de glucose no sangue e melhoraram a tolerância à glucose em coelhos diabéticos com aloxano (**Shukla et al., 2000**). Foram investigados os extractos aquosos da polpa de *Momordic charantia* em ratos diabéticos durante 30 dias de tratamento. O extrato reduziu significativamente os níveis de glucose no sangue (**Patel DK., 2012**).

43. *Mucuna pruriens*

O extrato alcoólico da planta numa dose de 100, 200, 400mg/kg/dia é administrado a ratos aloxânicos e mostrou um efeito significativo de redução da glicose (***Lakshmi et al., 2012***).

44. *Murraya koeingii* (L. spreng)

O extrato aquoso das folhas de *M. koenigii* em diabetes normal e aloxana apresenta um efeito hipoglicémico. A alimentação oral da dieta de folhas de *M. koenigii* (10% p/p) durante 60 dias a ratos normais mostrou um efeito hipoglicémico associado ao aumento do glicogénio hepático (**Neelesh Malviya et al., 2010 &Donga *et al*., 2011**).

45. *Nigella sativa L*

O tratamento oral de extrato de etanol de sementes de *N. sativa* numa dose de 300 mg/kg de peso corporal/dia em ratos diabéticos induzidos por estreptozotocina durante 30 dias reduziu significativamente os níveis elevados de glicose no sangue, lípidos, insulina plasmática e melhorou os níveis alterados de produtos de peroxidação lipídica **(G.B. Kavishankar et al.,2011).**

46. *Ocimum sanctum* Linn

A administração oral de um extrato alcoólico de folhas de Ocimum sanctum reduziu a glicemia em ratos normoglicémicos, hiperglicémicos alimentados com glicose e diabéticos induzidos por estreptozotocina. Desde tempos antigos, esta planta é conhecida pelas suas propriedades medicinais. O extrato aquoso de folhas apresenta uma redução significativa do nível de açúcar no sangue em ratos diabéticos normais e induzidos por aloxana **(Donga et al., 2011).**

47. *Pterocarpus marsupium* Roxb

Os extractos aquosos deste extrato de planta numa dose de 250 mg/kg B.w em ratos aloxanizados mostraram atividade hipoglicémica **(Ayesha Noor et al., 2013).**

48. *Ricinus communis* L

A raiz, o caule e as folhas do extrato etanólico da planta a 50% mostraram atividade hipoglicémica em animais normais e atividade anti-hiperglicémica em animais diabéticos em estudos de rastreio iniciais **(M.Upendra Rao et al., 2010).**

49. *Rumex patientia*

A suplementação com pó de sementes desta planta mostrou uma redução no nível de glicose sérica, no nível de colesterol LDL e aumentou o nível de colesterol HDL de ratos diabéticos induzidos por STZ **(Saravanan *K et al., 2013).***

50. *Salacia oblonga*

O extrato aquoso da casca da raiz de *Salacia oblonga* demonstrou atividade hipoglicémica **(Donga et al., 2011).**

51. *Syzygium alternifolium* (Wt.) Walp

O extrato aquoso da semente desta planta a uma dose de 0,75 g/kg B.w. mostrou que os níveis máximos de glicose no sangue em ratos diabéticos normais e aloxanos **(B. Kameswara Rao et al., 2001).**

53. *Terminalia chebula* Retz

O tratamento oral de extractos etanólicos do fruto de *Terminalia chebula* numa dose de 200 mg / kg de peso corporal por dia durante 30 dias mostrou uma redução significativa dos níveis de glicose no sangue **(Gandhipuram periasamy senthil kumar et al., 2006).**

54. *Tinospora cordifolia* Willd
O tratamento oral de extractos aquosos de raízes em ratos diabéticos induzidos por aloxana mostrou uma diminuição significativa da glicemia e dos lípidos cerebrais **(Stanely et al., 2000 & *Romila Y et al., 2010).***

55. *Trigonella foenum graecum* Linn
O tratamento oral de *T. foenum graecum* a ratos saudáveis e a ratos diabéticos induzidos por aloxano numa dose de 2 e 8 g/kg mostrou uma queda significativa no nível de glucose no sangue tanto nos ratos normais como nos ratos diabéticos **(Donga et al., 2011).**

Não foram efectuados estudos de toxicidade para a maioria destas plantas. Como muitas destas plantas antidiabéticas são utilizadas há muitos séculos e são também constituintes regulares da dieta, presume-se que não tenham efeitos secundários. **(Shukla et al., 2000).** Os remédios tradicionais devem ser sempre tomados com precaução. As grandes quantidades de *Momordic charantia* induziram lesões testiculares em cães. Os alcalóides de *Catharanthus roseus* causaram efeitos citotóxicos e neurológicos e aumentaram o risco de infeção. Por conseguinte, a toxicidade destas plantas deve ser estudada antes do seu consumo.

Capítulo 5: Referências

1.   A.A. Shetti, R.D. Sanakal e B.B. Kaliwal efeito antidiabético do extrato etanólico de folhas de *phyllanthus amarus* em ratos diabéticos induzidos por aloxana Asian J. Plant Sci. Res, 2012,2(1):11-15.

2.   Abdel Nasser Singab, Fadia S Youssef e Mohamed L Ashour Plantas Medicinais com Potencial Atividade Antidiabética e sua Avaliação Med Aromat Plants 2014, 3:1.

3.   Abubakar Mohammed, Dileep Kumar, Syed Ibrahim Rizvi Potencial antidiabético de algumas plantas menos utilizadas nos sistemas medicinais tradicionais da Índia e da NigériaJ Intercult Ethnopharmacol. 2015; 4(1): 78-85 doi: 10.5455/jice.20141030015241.

4.   Ahlam mushtaq tramboo Estudo in vivo da atividade antidiabética de *Eremurus Himalaicuc* Tese de investigação Universidade de Caxemira, Srinagar (JK), 190006, 2013.

5.   Aiman, R. Investigação recente sobre plantas medicinais antidiabéticas indígenas - uma avaliação global. Indian J Physiol & Pharmacol 1970, 14 (2): 65.

6.   A Maruthupandian1, V R Mohan e R Kottaimuthu Plantas etnomedicinais utilizadas para o tratamento da diabetes e da iterícia pelas tribos Palliyar nas colinas de Sirumalai, Ghats Ocidentais, Tamil Nadu, Índia Indian Journal of Natural Products and Resources Vol. 2(4), dezembro de 2011, pp. 493-497.

7.   Ananta Swargiary , HankhrayBoro , Birendra Kumar Brahma e Seydur Rahman Estudo etnobotânico de plantas medicinais antidiabéticas utilizadas pela população local do distrito de Kokrajhar do Conselho Territorial de Bodoland, Índia Journal of Medicinal Plants Studies Ano: 2013, Volume: 1, Número: 5.

8.   A. Saravana Kumar, 1S. Kavimani, 2K.N. Jayaveera. Uma revisão sobre plantas medicinais com potencial atividade antidiabética International Journal of Phytopharmacology, 2(2), 2011, 53-60.

9.   Aswini Kumar Dixit e Sudurshan Revisão da flora de plantas antodiabéticas de puducherry

UT" International Journal of Applied Biology and Pharmaceutical Technology Volume: 2: Issue-4: Oct - Dec -2011.

10. Awadh A, Ali N, Al-rahwi IK e Lindequist U, Some medicinal plants used in Yemeni Herbal to treat malaria, Afr J Traditional complement Alt Med, 1 (2004). pp. 72-76.

11. B. Kameswara Rao e Ch. Appa Rao Atividade hipoglicémica e anti-hiperglicémica dos extractos de sementes de *Syzygium alternifolium* (Wt.) Walp. em ratos normais e diabéticos Phytomedicine, Vol. 8(2), pp. 88-93, 2001.

12. Borokini T.I, Ighere D.A, Clement M, Ajiboye T.O, Alowonle A A Ethnobiological Survey of Traditional Medicine Practice for The Treatment of Piles and Diabetes Mellitus in Oyo State Journal of Medicinal Plants Studies Ano: 2013, Volume: 1, Edição 5.

13. Chakraborty R, Rajagopalan R. Diabetes and insulin resistance associated disorders: disease and the therapy. Current Science 2002; 83: 1533-1538.

14. Chaudhury, R.R. and Vohora, S. B. Plants with possible hypoglycaemic activity in advance in Research in Indian Medicine, Udupa, K.N., Chaturvedi, G.N. and Tripathi, S.N. (Eds)Banaras Hindu University, Varanasi (India), 1970, pp. 57.

15. Cragg, G. M., Newman, D. J. e Snader, K. M. (1997). Natural products in drug discovery and development. *J Nat Prod*, 60(1), 52-60.

16. Deopa Deepika, Sharma Kumar Satish, Singh Lalit Actualizações actuais sobre a terapia antidiabética Journal of Drug Delivery & Therapeutics; 2013, 3(6), 121-126 121.

17. Donga J.J, Surani V.S, Sailor G.U, Chauhan S.P, Seth A.K. A Systematic Review on Natural Medicine Used For Therapy of Diabetes Mellitus of some Indian medicinal plants Pharma Science Monitor An International Journal of Pharmaceutical Sciences Vol-2, Issue-1, 2011.

18. E.N. Murthy Plantas etno-medicinais usadas pelos gonds do distrito de Adilabad, Andhra Pradesh, Índia Int. J. of Pharm. & Life Sci. (IJPLS), Vol. 3, Issue 10: October: 2012, 2034-2043.

19. Flora da China FOC Vol. 13 Página 397, 398. Www.efloras.org.

20. Gandhipuram periasamy senthil kumar, palanisamy Arulselvan, Durairaj Santhish kumar e Sorimuthu Pillai Subramanian Journal of Health Science (52)3 283-291 (2006).

21. Ganesh P. e Sudarsanam .G Plantas etnomedicinais usadas pelas tribos Yanadi na Floresta da Reserva da Biosfera de Seshachalam do Distrito de Chittoor, Andhra Pradesh Índia Int. J. of Pharm. & Life Sci. (IJPLS), Vol. 4, Issue 11: Nov: 2013.

22. G. Jayakumar, MD. Ajithabai, S. Sreedevi, PK Viswanathan & B Ramesh kumar Ethnobotanical survey of the plants used in the treatment of diabetes. Revista indiana de conhecimentos tradicionais Vol.9 (1), janeiro de 2010, pp 100-104.

23. Grover, J.K., Vats, V. 2001. Shifting Paradigm "from conventional to alternate medicine."An introduction on traditional Indian medicine, Asia Pacific Biotechnology News 5 (1), pp.28-32.

24. Jain & saraf 2008. Type 11 diabetes mellitus-its global prevalence and therapeutic strategies. Diabetes and metabolic syndrome: clinical Research and Reviews 79. pp 1-14.

25. Jayvir Anjaria, Minoo parabia, Gauri Bhatt e Ripal khamer Nature heals A Glossary of selected Indigenous medicinal plants of India.

26. Portal da Biodiversidade da Índia.

27. Ishita Chattopadhyay, Kaushik Biswas, Uday Bandyopadhyay e Ranajit K. Banerjee Turmeric and curcumin: Biological actions and medicinal applications Current Science, Vol. 87, No. 1, 10 de julho de 2004.

28. Ivan A. Ross Medicinal plants of the world volume 3 chemical constituents, Traditional and Modern medicinal uses book human press, Totowa, New Jersey, 2005.

29. Kala CP, Ethnomedicinal botany of the Apatani in the Eastern Himalayan region of India, J Ethnobiol Ethnomed, 1(11) 2005.

30. Kashikar V.S. Kotkar Tejaswita Indigenous Remedies For Diabetes Mellitus International Journal of Pharmacy and Pharmaceutical Sciences Vol 3, Issue 3, 2011.

31. Kesari, A.N., Gupta, R.K., e Watal, G. (2005). Hypoglycemic effect of *Murraya koenigii* on normal and alloxan diabetic rabbits. Journal of ethnopharmacology 97,247- 251.

32. Khaleel Basha, G. Sudarsanam, M. Silar Mohammad e Niaz Parveen. D Investigações sobre plantas medicinais anti-diabéticas utilizadas pelos habitantes tribais Sugali de Yerramalais do distrito de Kurnool, Andhra Pradesh, Índia. S. J. Pharm. Sci. 4(2): 19-24 2011.

33. Kharjul Mangesh, Kharjul Ashwini, Bhairy Srinivas, Gupta Shivram, Kale Aaditi Phytochemical and Pharmacological Accounts of Some Reviewed Plants with Antidiabetic Potential Sch. Acad. J. Pharm., 2014; 3(2): 162-177.

34. K. Hari Prasath, P. Venkatesh, E. Raj Kumar, T. Triveni, K. Rama Tejaswi, A. Spandana e Ch. V. S. Pavan Kumar. Herbal drugs -A Promise in the Past, Present and Future,Tool in the treatment of Diabetes mellitus -A Review Journal of Pharmacy Research 2012,5(11),51165119.

35. Kim JD, Kang SM, Park MY, Jung TY, Choi HY, Ku SK. Ameliorative anti-diabetic activity of dangnyosoko, a Chinese herbal medicine, in diabetic rats. Biosci Biotechnol Biochem 2007; 71: 1527-34.

36. KN.Reddy, G.Trimurthulu e C.Sudhakar Reddy Plants Used by Ethnic people of Krishna distract, Andhra Pradesh, Indian Journal of traditional knowledge Vol 9(2), abril de 2010, pp 313317.

37. Maurya Umashanker e Srivastava Shruti Medicamentos tradicionais indianos à base de plantas usados como antipirético, antiúlcera, antidiabético e anticancerígeno: A Review International Journal of Research in Pharmacy and Chemistry IJRPC 2011, 1(4).

38.   Ma XH, Zheng CJ, Han LY, Xie B, Jia J, Cao ZW, Li YX, e Chen YZ (2009) Acções terapêuticas sinérgicas de ingredientes à base de plantas e os seus mecanismos de interação molecular e perspectivas de rede. Drug Discovery Today 14:579-588.

39. Mishra shnti Bhushan, Rao CH.V, Ojha S.K., An Analytical Review of plants for Anti DiSyn: abeic Activity With Their Phytoconstituent & Mechanism of Action Revista Internacional de Ciências Farmacêuticas e Investigação IJPSR (2010), Issue 1, Vol. 1.

40. Mohamed Bnouham, Abderrahim Ziyyat, Hassane Mekhfi, Abdelhafid Tahri, Abdelkhaleq Legssyer Plantas medicinais com potencial atividade antidiabética - Uma revisão de dez anos de investigação em fitoterapia (1990-2000) Review Int J Diabetes & Metabolism (2006) 14: 1-25.

41. Mohana lakshmi. S, Sandhya Rani. K. S, Usha Kiran Reddy.T Asian Journal of Pharmaceutical and Clinical Research Vol 5, Issue 4, 2012.

42. Mohan V, Sandeep S, Deepa R, Shah B, Varghese C. Epidemiology of type 2 diabetes: Indian scenario. IndianJ Med Res. 2007;125:217-30. [PubMed].

43. Mohd Habibullah Khan and Yadava PS, antidiabetic plants used in Thobal district of Manipur, Northeast India, Indian journal of traditional knowledge, Vol.9 (3), July 2002, pp. 510-514.

44. M. Pavani, M. Sankara Rao, M. Mahendra Nath e Ch. Appa Rao Explorações etnobotânicas sobre plantas anti-diabéticas utilizadas por habitantes tribais da floresta de seshachalam Andhra Pradesh Índia. Jornal Indiano de Ciências da Vida Fundamentais e Aplicadas 2012 Vol. 2 (3) julho-setembro, pp.100-105.

45. Sr. S.S. Meshram, Dr. P.R. Itankar, Dr. A.T. Patil Para estudar a atividade antidiabética da casca do caule de Bauhinia purpurea Linn Jornal de Farmacognosia e Fitoquímica IC Jornal No: 8192 Volume 2 Edição 1 Vol. 2 No. 1 2013

46. M.Rudrapal Plantas etnomedicinais usadas por curandeiros tradicionais no distrito de East Godavari de Andhra Pradesh, Índia. Jornal Indiano de produtos naturais e recursos vol.3(3), setembro de 2012, pp 426-431.

47. Mukherjee, S.K. Indigenous drugs in Diabetes mellitus. J Diabetic Asso India 1981 21 (Suppl): 97.

48. M.Upendra Rao, M.Sreenivasulu, B.Chengaiah, K.Jaganmohan Reddy,C.Madhusudhana Chetty Herbal Medicines for Diabetes Mellitus A Review International Journal of PharmTech Research Vol.2, No.3, pp 1883-1892, July-Sept 2010.

49. M.Venkaiah, P.Prayaga murthy, S.B.Padal The Useful Plants of Andhra Pradesh, India.

50. Nana kwaku kyei Boaduo Avaliação de seis espécies de plantas usadas tradicionalmente no tratamento e controlo da diabetes mellitus Tese de investigação Universidade de Pretória Fev 2010.

51. N. Chandra Babu, M. Tarakeswara Naidu, M. Venkaiah Ethnomedicine of Vizianagaram district Andhra Pradesh, India book. Publicação académica Lambert.

52. Neeraj O. Maheshwari, Ayesha Khan e Balu A. Chopade Rediscovering the medicinal properties of Datura sp.A review Journal of Medicinal Plants Research Vol. 7(39), pp. 28852897, 17 de outubro, 2013.

53. Neelesh Malviya, Sanjay Jain e Sapna Malviya Antidiabetic Potential of Medicinal plants Ata Poloniae Pharmaceutica - Drug Research, Vol. 67 No. 2 pp. 113-118, 2010. 113-118, 2010.

54. Neha Pandey , Ram Prasad MeenaSanjay kumar Rai e shashi PandeyRAi Plantas Medicinais Derived Nutraceuticals: A Reemerging Health Aid , International Journal of Pharma and Bio Sciences vol 2/ issue 4/ Oct-Dec 2011.

55. N. Mary Roja, S. Satyavani, B. Sadhana, T. Nikitha e S. B. Padal Uma revisão sobre plantas etanomedicinais com atividade antidiabética na costa norte de Andhra Pradesh, Índia BMR Biology Ano: 2014; Volume: 1; Edição: 1.

56. N. Rama Krishna, Ch. Saidulu, S. Kistamma Usos etnomedicinais de alguns estudos de plantas Mancherial e Jannaram reserva divisão florestal do distrito de Adilabad, Estado de Telangana, Índia Jornal de Pesquisa Científica e Inovadora 2014; 3(3): 342-351.

57. N. Rama Krishna, Y.N.R Varma, Ch. Saidulu Estudos etnobotânicos do distrito de Adilabad, Andhra Pradesh, Índia. Jornal de Farmacognosia e Fitoquímica 2014; 3 (1): 18-36.

58. National Diabetes Information Clearinghouse (NDIC), National Institute of Diabetes and

Digestive and Kidney Diseases (NIDDK), National Institutes of Health (NIH).

59. N. Savithramma, P. Yugandhar e M. Linga Rao Estudos etnobotânicos sobre Japali Hanuman Theertham- Um bosque sagrado das colinas de Tirumala, Andhra Pradesh, Índia. J. Pharm. Sci. & Res. Vol. 6(2), 2014, 83-88.

60. Pallab Das Gupta and Amartya De Diabetes Mellitus and its Herbal Treatment International Journal of Research in Pharmaceutical and Biomedical Sciences Vol. 3 (2) Apr - Jun 2012.

61. Park, J, H., B. K. Kim, M. K. Park, et al. Anti-diabetic activity of herbal drugs. Korean J Pharmacog 1997; 28(2): 72-74.

62. Patel DK, Prasad SK, Kumar R, Hemalatha S Uma visão geral das plantas medicinais antidiabéticas com propriedades miméticas da insulina. Science Diret Asian Pacific Journal of Tropical Biomedicine (2012) 320-330.

63. Patel DK, Kumar R, Laloo D, Hemalatha S Diabetes mellitus: An overview on its pharmacological aspects and reported medicinal plants having antidiabetic activity. Science Diret Asian Pacific Journal of Tropical Biomedicine (2012) 411-420.

64. Patnaik, G.K. e Dhawan, B.N. Pharmacological studies on Indian Medicinal plants in Current Research on Medicinal Plants in India. Dhawan, B.N. (Ed), Academia Nacional de Ciências da Índia, Nova Deli, 1986, pp. 45.

65. Phani Ratna Prasanth .G, Ashok Kumar.D Etno-Medico Botânica de plantas medicinais para o tratamento da atividade diabética em atividade de Krishna distract, Andhra Pradesh. Jornal Internacional de Investigação e Desenvolvimento Farmacêutico 2009/PUB/ARTI/VOL-8/OCT/008.

66. P. Prakash e Neelu gupta Therapeutic Uses of Ocimum Sanctumlinn (Tulsi) with A Note on Eugenol and its Pharmacological Indian J Physiol Pharmacol 2005; 49 (2) : 125-131.

67. P. Uma Maheswari1, A. Madhusudhana Reddy, M. Rambabu1 e S.K.M. Basha Flora medicinal tradicional habituada em várias regiões do distrito de YSR (Kadapa), Andhra pradesh, Índia. Indian Journal of Fundamental and Applied Life Sciences ISSN2012 Vol. 2 (3) julho-setembro, pp.162-175.

68. Raju Patil, Ravindra Patil, Bharati Ahirwar, Dheeraj Ahirwar Situação atual das plantas medicinais indianas com potencial antidiabético: uma revisão Asian Pacific Journal of Tropical Biomedicine (2011)S291-S298.

69. Rameshkumar S, Ramakritinan CM Levantamento florístico de plantas medicinais tradicionais à base de plantas para tratamentos de várias doenças da diversidade costeira no distrito de Pudhukkottai, Tamilnadu, Índia Journal of Coastal Life Medicine 2013; 1(3): 225-232.

70. Rawat Mukesh and Parmar Namita Medicinal Plants with Antidiabetic Potential - A Review American-Eurasian J. Agric. & Environ. Sci., 13 (1): 81-94, 2013.

71. Reed, M.J., K. Meszaros, L. J. Entes, et al. Effect of masoprocol on carbohydrate and lipid metabolism in a rat model of type II diabetes. Diabetologia 1999; 42(1): 102-106.

72. R. J. Marles e N. R. Farnsworth Plantas antidiabéticas e seus constituintes activos

Phytomedicine Vol. 2 (2), pp. 137-189, 1995.

73. Rodriguez-Moran, M., F. Guerrero-Romero, e G. Lazcano-Burciaga. Lipid- and glucose-lowering efficacy of Plantago psyllium in type II diabetes. J Diabet Complic 1998; 12(5): 273278.

74. Romila Y, P. B. Mazumder e M. Dutta Choudhury A Review on Antidiabetic Plants used by the People of Manipur Charactirized by Hypoglycemic Activity Assam University Journal of Science & Technology: Ciências Biológicas e Ambientais Vol. 6 Número 167-175, 2010.

75. R. Shukla , S.B Sharma, D. Puri, K.M Prabhu e P.S Murthy Medicinal plants for treatment Diabetes Mellitus, Indian journal of Clinical biochemistry, 2000, 15(Suppl.) 169-177.

76. Rubaiat Nazneen Akhand, Sohel Ahmed, Amrita Bhowmik e Begum Rokeya A administração oral subcrónica dos extractos etanólicos de frutos maduros secos de Terminalia chebula no modelo de diabetes mellitus tipo 2 (T2DM) induzido por estreptozotocina (STZ) de ratos Long-Evans (L-E) melhora o estado glicémico, lipidémico e anti-oxidativo Journal of Applied Pharmaceutical Science Vol. 3 (05), pp. 027-032, maio, 2013.

77. Sachdeva Kamal, Singhal Manmohan, Srivastava Birendra A Review on chemical and medicobiological Applications of *Jatropha curcas* International Research Journal of Pharmacy *2 (4) 2011 61-66.*

78. Samuelsson, G. (2004). Drugs of Natural Origin: a Textbook of Pharmacognosy, 5th. Estocolmo, Swedish Pharmaceutical Press.

79. S.B Padal, H.Ramakrishna, r. devender Remédios etnomedicinais de espécies arbóreas de Bodakondamma Hills, Chinta Palli Mandal Visakhapatnam District, A.P, India Phytomorphology 63 (1& 2) 2013, 67-72.

80. S. B. Padal, P. Chandrasekhar Uso etnomedicinal de espécies de ervas do distrito de Khammam, Andhra Pradesh, Índia Revista Internacional de Investigação e Desenvolvimento inovadores maio, 2013 Vol 2 Edição 5.

81. S. B. Padal, K. Sathyavathi & P. Chandrasekhar Usos etnomedicinais de árvores por tribos de

Munchangiputtu Mandalam, distrito de Vishakhapatnam, Andhra Índia. IJPBS |Volume 3| Issue 2 |APR-JUN |2013|441-449.

82. S. B. Padal Usos etnomedicinais de algumas plantas da família Fabaceae da divisão de Narsipatnam, distrito de Visakhapatnam, Andhra Pradesh, Índia Revista Internacional de Pesquisa e Desenvolvimento inovadores junho, 2013 Vol 2 Edição 6.

83. S. B. Padal, M. Venkaiah, P. Chandrasekhar & Y. Vijayakumar Fitoterapia Tradicional do Distrito de Vizianagaram, Andhra Pradesh, Índia. IOSR Journal Of Pharmacy Volume 3, Edição 6 (julho de 2013), Pp 41-50.

84. S.B. Padal, P. Prayaga Murty, D. Srinivasa Rao e M. Venkaiah Plantas etnomedicinais da divisão de Paderu do distrito de Visakhapatnam, A.P, India Journal of Phytology 2010, 2(8): 70-91.

85. S. Chakravarty and J. C. Kalita An Investigation on anti diabetic medicinal plants used by villagers in nalbari district, Assam, India. IJPSR, 2012; Vol. 3(6): 1693-1697.

86. S.D. Rout, T. Panda e N. Mishra, Ethno-medicinal Plants Used to Cure Different Diseases by Tribals of Mayurbhanj District of North Orissa, Ethno-Med, 3(1): 27-32 (2009).

87. S. Elavarasi, K. Saravanan e C. Renuka Uma revisão sistemática sobre plantas medicinais usadas para tratar a Diabetes mellitus IJPCBS 2013, 3(3), 983-992.

88.   Seth, S. D. e Sharma, B., Medicinal plants of India. Indian J. Med. Res., 2004, 120, 9-115.

89.   Seyyed Ali Mard, Kowthar Jalalvand e Mohammad Kazem Gharib Naseri Avaliação das actividades antidiabética e antilipémica do extrato hidroalcoólico das folhas de palmeira Phoenix Dactylifera e das suas fracções em ratos diabéticos induzidos por Alloxan.

90.   Shankar murthy K. e kiran B.R Plantas medicinais utilizadas como medicamento antidiabético na indústria farmacêutica e sua conservação: Uma visão geral. Artigo de revisão do International Research Journal of Pharmacy 2012, 3(10).

91.   Shokeen, Anand P, Murali YK, Tandon V. Atividade antidiabética do extrato etanólico a 50% de Ricinus communis e das suas fracções purificadas.Food Chem Toxicol. 2008 Nov 46(11):3458-66.

92. Singhal, P.C. and Joshi, L.D. Role of gum arabica and gum catechu in glycaemia and cholesterolemia. Curr Sci 1984, 53: 91.

93.   S. Khaleel Basha, G. Sudarsanam, M. Silar Mohammad e Niaz Parveen. D Investigações sobre plantas medicinais anti-diabéticas utilizadas pelos habitantes tribais Sugali de Yerramalais do distrito de Kurnool, Andhra Pradesh, Índia. S. J. Pharm. Sci. 4(2): 19-24 2011.

94. Soeren Ocvirk, Martin Kistler, Shusmita Khan, Shamim Hayder Talukder e Hans Hauner Plantas medicinais tradicionais utilizadas para o tratamento da diabetes nas zonas rurais e urbanas de Dhaka, Bangladesh - um inquérito etnobotânico Journal of Ethnobiology and Ethnomedicine 2013.

95. Soma Manjula, Estari Mamidala Um levantamento etnobotânico das plantas medicinais utilizadas pelos curandeiros tradicionais de Thadvai, distrito de Warngal, Andhra Pradesh, Índia. Int J Med Res Health Sci.2013; 2 (1):40-46.

96. Stanely, P., Prince, M., Menon, V. P. (2000). Hypoglycaemic and other related actions of *Tinospora cordifolia* roots in alloxan-induced diabetic rats. *J. Ethnopharmacol.* 70: 9-15.

87. Strohl WR (2000) The role of natural products in a modern drug discovery program. Drug Discovery Today 5:39-41.

97. Swanston-Flatt, S. K., C. Day, P. R. Flatt, B. J. Gould, e C.J. Bailey. Glycaemic effects of traditional European plant treatments for diabetes studies in normal and streptozotocin diabetic mice. Pub Med Diabetes Res 1989; 10(2): 69-73.

98.   S. Yongchiyudha, V. Rungpitargsi, N. Bunyapraphatsara e O. Chokechaijaroenporn Atividade antidiabética do sumo de *Aloe vera* L.. I. Ensaio clínico em novos casos de

diabetes mellitus Phytomedicine Vol. 3 (3), pp. 241-243, 1996.

99. T.A. Ngueyema, G. Brusotti G. Caccialanzaa, P. Vita Finzi. The genus Bridelia: A phytochemical and ethnopharmacological review Journal of Ethnopharmacology 124 (2009) 339-349.

100. Thanasekaran Jayakumar, Cheng-Ying Hsieh, Jie-Jen Lee e Joen-Rong Sheu Artigo de revisão Farmacologia experimental e clínica de Andrographis paniculata e seu principal fitoconstituinte bioativo Andrographolide Hindawi Publishing Corporation Medicina complementar e alternativa baseada em evidências Volume 2013, Artigo ID 846740, 16 páginas

101. T.Thirumalai, Beverly C David, K.Sathiyaraj, B.Senthilkumar, E David, Estudo etnobotânico de plantas medicinais antidiabéticas utilizadas pela população local em Javadhu hills Tamilnadu, Índia Asian Pacific Journal of Tropical Biomedicine (2012)S910-S913.

102. Vasim Khan, Abul Kalam Najmi, Mohd. Akhtar Uma avaliação farmacológica de plantas medicinais com potencial antidiabético J Pharm Bioallied Sci. 2012 Jan-Mar; 4(1): 27-42.

103. Vasthi Kennedy Evanjelene, Devarajan Natarajan Análise antioxidante in vitro e in vivo de Acalypha alnifolia Klein ex Willd. Artigo de investigação, Ata Biologica Indica 2012, 1(1):99-103.

104. V. Balakrishnan, P. Prema, K.C.Ravindran , J.Philip Robinson. Ethnobotanical Studies among Villagers from Dharapuram Taluk, Tamil Nadu, India (Estudos etnobotânicos entre aldeões de Dharapuram Taluk, Tamil Nadu, Índia). Jornal Global de Farmacologia 3 (1): 08-14, 2009.

105. Venkanna Medicinal plant wealth of Krishna distract (Andhra Pradesh) -A Preliminary survey Ancient Science of Life, Vol No. X No. 2 October 1990, Pages 137 - 140

106. Venkatesh S, Reddy GD, Reddy BM, Ramesh M, Rao AVN. Antihyperglycemic activity of Caramulla attenuata, Fitoterapia 2003; 74: 274-279.

107. V.Joyi, M.Paul John Perer, j.Yesu Raji, Ramesh Valores medicinais de Avaram (Cassla Auriculata Linn) Uma revisão Revista científica académica Revista internacional de investigação farmacêutica atual ISSN- 0975-7066 Vol 4, Issue 3, 2012.

108. Vidya sagar GM & Siddalinga Murthy SM Plantas medicinais utilizadas no tratamento da Diabetes mellitus no distrito de Bellary, Karnataka Revista indiana de conhecimentos tradicionais Vol.12(4), outubro de 2013, pp.747-757.

109. Vinatha naini and Estari mamidala an ethnobotanical Study of plants used for the treatment of Diabetes in the Warangal District, Andhra Pradesh, Biolife An International Quarterly Journal of Biology & Life Sciences. 1(1):-24-28, 2013.

110. Wang, Y. Isolamento e Elucidação da Estrutura de Metabolitos Secundários Bioactivos de Plantas Medicinais da Mongólia Dissertação de Doutoramento Alemanha 2009.

111. Yeo J, Kang YM, Cho SI, Jung MH. Efeitos de um extrato de ervas múltiplas na diabetes tipo 2. Medicina Chinesa 2011; 6: 1-10.

112. Y. Ratna Raju, P. Yugadhar e N. Savithramma Documentação sobre os conhecimentos etnomedicinais das zonas montanhosas do distrito de East Godavari, Andhra Pradesh, Índia Revista Internacional de Farmácia e Ciências Farmacêuticas ISSN- 0975-1491 Vol. 6, nº 4, 2

Aegle marmelos (Linn.) Corr. Serr.

Aerva lanata (L.) Juss

Alangium salvifolium
(Linn.f.)Wang

Albizia odoratissima (L.f.)Benth.

Albizia procera (Roxb) Benth.

Allium cepa L.

Allium sativum L

Aloe barbadensis Mill

Alstonia scolaris R.Br.

nacardium occidentale L

Andrographis peniculata (Burm.f) wall

Annona reticulate L.

Annona squamosa (L)	*Argeria cuneata* Ker-Gawl	*Argyreia speciosa* Linn.
Aristolochia bracteolate Lam.	*Asparagus racemosus* Willd.	*Azadirachta indica* A.juss.
Beta vulgaris L.	*Boehaavia diffusa* Linn.	*Bougainvillea spectabilis* Willd
Biophytum sensitivum (L.)	*Brassica juncea* (L)Czem.	*Brassica oleracea* Linn.

Butea monosperma Lam

Cajanus cajan (Linn.)Millsp

Calotropis gigantean (L)W. Aiton

Capparis zeylanica Linn.

Cathranthus pusillus (Murr.)G.Don

Catharanthus roseus (L.)(= *Vinca rosea* L)

Camellia sinensis L

Cannabis sativa Linn.

Casearia tomentosa Roxb.

Cassia auriculata L.

Cassia fistula L.

Ceiba pentandra (L.)Gaertn.

Centella asiatica (L.)Urban

Clerodendrum infortunatum L.

Citrullus colocynthis (L.) Schrad

Clitoria ternatea L.

Cucumis trigonus Roxb.

Cuminum cyminum Linn

Cyperus rotundus L.

Dillenia indica L.

Enicostemma littorale

Eucalyptus globulosus St.- Lag.

Euphorbia antiquorum Linn.

Erythrina variegata L.

Ficus benghalensis Linn.

Ficus hispida Linn.f.

Ficus racemosa Linn.

Ficus religiosa L

Garuga pinnata Roxb

Guazuma ulmifolia Lam.

Gymnema Sylvestre (Retz.) R. Br.

Helicteres isora (L.)

Heliotropium indicum Linn.

Hemidesmus indicus (Linn.)

Hibiscus rosa-sinensis L.

Hiptage benghalensis

Holarrhena pubescens (Buch.-Ham.)

Hybanthus enneaspermus (Linn.)

Ichnocarpus frutescens (L.)

Ipomoea aquatica Forssk.

Ipomoea batata (L) Lam.

Jatropha glandulifera Rox.

Kalanchoe pinnata (Lam.) Pers.

Lagerstroemia speciosa (L.) Pers.

Lantana camara L.

Lawsonia inermis L.

Leucas aspera (willd.)link

Limonia acidisima L.

Litsea sebifera

Madhuca longifolia
(Koenig) Macbride

Maerua oblongifolia
(Forsk.)

Mallotus philippensis (Lam.)

Mangifera indica L

Marsilea minuta

Melia azedarach Linn

Memecylon scutellatum

Menispermum hirsutum Linn

Mentha spicata Linn

Milletia pinnata (L)

Mimusops elengi L.

Mirabilis jalapa L.

Momordica charantia L.

Moringa oleifera Lam.

Murraya koeningii

Musa paradisiaca L.

Nelumbo nucifera Gaertn

Nyctanthes arbor tristis L.

Ocimum gratissimum L.

Ocimum sanctum Linn

Opuntia ficus-indica (L.) Mill.

Oxalis corniculata L.

Panax ginseng

Pedalium murex L.

Phlogocanthus thyrsiflorus Nees

Phoenix loureiroi Kunth

Phyllanthus amarus Schum &
Thonn

Phyllanthus emblica L.

Phyllanthus virgatus Forst..

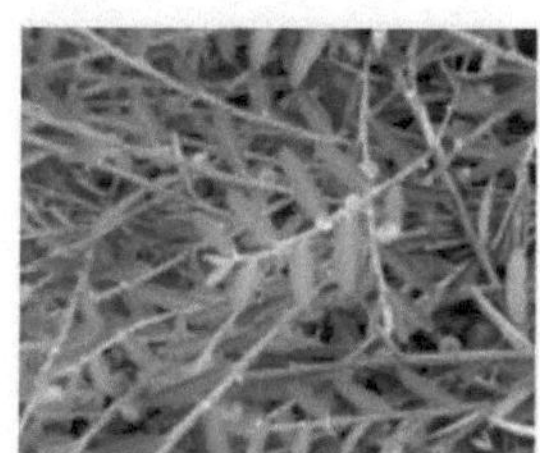

Physalis minima L

Pithecellobium dulce (Roxb.)
Benth

Plumbago rosea Linn

Polyalthia cerasoides (Roxb.)Bedd.

Polyalthia longifolia (Sonn.)

Premna latifolia Roxb.

Psidium gnajava* L

*Pterocarpus marsupium** Roxb

*Pterocarpus santalinus** Linn

*Rauvolfia serpentine** (L.) Benth. ex Kurz

*Rhynchosia cana** DC.,

*Ricinus communis** L

*Rubus fruticosus** (L)

Salacia beddomei Gamble

Salacia fruticosa

Salacia oblonga

Salacia prinoides

*Saraca asoca** (Roxb.) De Wilde

Scoparia dulcis (L.) 　　*Senna italic* Mill 　　*Sida acuta* Burm.f.,S

Solanuum aethiopicum L. 　　*Solanum nigrum* Linn 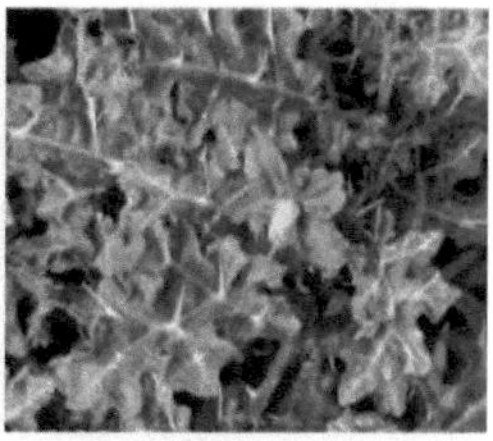　　*Solanum xanthocarpum*

Sophora interrupta Bedd 　　*Spermacoce hispida* L 　　*Spinacia oleracea*

Stellaria media (L.) Vill　　*Stevia rubodiyana* Linn　　*Strychnos nux-vomica* L

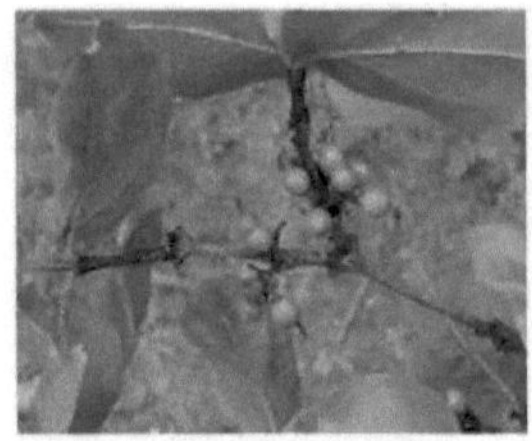

S trychnos potatorum Linn. f.

Swertia chirata L.

Syzygium alternifolium (Wight)

Syzygium cumini (L.) Skeels

Syzygium jambos (L.) Alston.

Tephrosia purpurea L.

Terminalia bellirica Gaertn.) Roxb.

Terminalia chebula Retz

Terminalia catapa L.

Terminialia coriacea (Roxb.)

Thaumatococcus danielli (Benn.)

Tinospora cordifolia (Willd.)

Tragia involucrate Linn

Tribulus terrestris Linn

Trigonella foenum- graecum Linn

Vaccinium myrtillus

Vernonia amygdalina Del.

Ventilago maderaspatana Gaertn.

Vernonia anthelmintica (Linn.)Willd.

Vigna mungo L.

Vitex negundo L

Wattakaka volubilis (Linn.f.)

Withania somnifera (Linn.) Dunal.

Zizyiphus jujuba Mill

Zizyiphus rugosa Lam

Printed by Books on Demand GmbH, Norderstedt / Germany